国家级一流本科课程教材

国家精品在线开放课程配套教材

化工原理实验

吴雪梅　张文君　张秀娟　主编

化学工业出版社
·北京·

内容简介

《化工原理实验》共5章，包括绪论、实验设计与数据处理、实验测量仪表和方法、化工原理基础实验、演示实验与仿真实验。内容涵盖流体流动及输送、过滤、传热、精馏、吸收、干燥、萃取、膜分离等各单元操作实验，注重实验设计性以及化工过程控制与安全观念。本书还配有数字化教学资源，读者可以通过扫描二维码，在线观看典型设备结构及原理动画、仿真实验视频，阅读拓展知识、实验安全事故分析，查取化学品安全技术说明书、物性参数、气相色谱仪及溶解氧仪的使用方法。

《化工原理实验》可作为高等院校化工及相关专业的化工原理实验教材，也可供相关领域科研、技术人员参考。

图书在版编目（CIP）数据

化工原理实验 / 吴雪梅，张文君，张秀娟主编．—北京：化学工业出版社，2024．7
国家级一流本科课程教材
ISBN 978-7-122-45494-2

Ⅰ．①化…　Ⅱ．①吴…　②张…　③张…　Ⅲ．①化工原理-实验-高等学校-教材　Ⅳ．①TQ02-33

中国国家版本馆 CIP 数据核字（2024）第 080707 号

责任编辑：丁建华　徐雅妮　　装帧设计：关　飞
责任校对：田睿涵

出版发行：化学工业出版社
（北京市东城区青年湖南街 13 号　邮政编码 100011）
印　　装：河北鑫兆源印刷有限公司
787mm×1092mm　1/16　印张 9½　字数 238 千字
2024 年 10 月北京第 1 版第 1 次印刷

购书咨询：010-64518888　　售后服务：010-64518899
网　　址：https://www.cip.com.cn
凡购买本书，如有缺损质量问题，本社销售中心负责调换。

定　　价：39.00 元

前言

本书为大连理工大学国家级一流本科课程、国家精品在线开放课程“化工原理”配套的实验教材，也适用于化工与制药类、环境类、生物类、食品类、安全工程类等相关专业，满足新工科实验教学、新时代数字化教学和课程思政育人等多方面需求。

化工原理实验是化工及相关专业的重要实践课程，具有很强的工程性特征。通过实验研究方法，可以建立过程变量之间的关系，确定化工单元过程数学模型中的常量参数，验证化工原理的基础理论和方程，在化工原理理论教学转化为工程应用过程中发挥重要的桥梁作用。

通过化工原理实验课程的学习，可以培养学生的实验操作技能和安全操作意识，训练学生以工程角度合理设计实验、准确采集和处理实验数据、分析综合实验结果、获得有效结论，培养学生的自主学习能力和团队合作意识，提高学生分析解决复杂工程问题的能力，使学生树立正确的工程观念和社会责任。

本书中，化工原理基础实验均为设计性实验，学生可依托实验装置自主设计实施多种实验方案。实验内容涵盖了典型单元操作，包括流量计校正与流体力学综合实验、离心泵综合实验、管路拆装实验、恒压过滤实验、传热综合实验、精馏综合实验、气体的吸收与解吸实验、洞道干燥实验、膜分离实验和转盘塔液-液萃取实验；演示实验通过可视化方法，加深对实验现象和过程本质特征的理解，包括雷诺演示实验和板式塔流体力学演示实验；虚拟仿真实验利用信息化技术开展高危险、复杂工况操作等实验教学，包括电动往复式压缩机工艺仿真实验和精馏塔工艺仿真实验。

本书绘制了知识图谱，配备了数字化教学资源，读者可以通过扫描二维码，在线观看典型设备原理及结构动画视频、课程思政案例视频，查看实验装置实物照片，查取化学品安全技术说明书及相关分析仪器使用方法。

全书共 5 章，由吴雪梅、张文君、张秀娟主编。第 1 章绪论由张文君、吴雪梅、孟玉兰编写，第 2 章实验设计与数据处理由肇启东编写，第 3 章实验测量仪表和方法由曹晶晶编写，第 4 章化工原理基础实验由曹晶晶（4.1，4.4，4.5）、孟玉兰（4.6，4.7，4.8）、肇启东（4.2，4.3，4.9，4.10）编写，第 5 章演示实验与仿真实验由肇启东编写，附录资料由曹晶晶、肇启东和孟玉兰整理，微视频录制由张秀娟负责，各章节动画素材解说由张文君负责，思维导图示例由高南、孟玉兰、曹晶晶和肇启东负责，全书由吴雪梅负责审定。

本书在编写过程中得到了大连理工大学化工原理教研室全体同事的关心和支持，配套的仿真软件及动画素材由东方仿真科技（北京）有限公司提供技术支持，在此一并表示衷心的感谢！

限于作者的水平，书中可能会存在不妥与疏漏之处，敬请读者指正。

编　者

2024 年 4 月

目录

第1章 绪论

1.1 化工原理实验的重要作用

化工原理实验是理工科化工、能源、环境、生物、化工机械及安全等专业的重要工程基础实践课程，是化工原理课程体系中不可缺少的组成部分，在理论教学到工程应用转化过程中发挥桥梁作用，是重要的实践环节。通过实验研究的方法建立过程变量之间的关系，解决内在规律尚不明晰的复杂化工问题；或者通过实验确定化工单元过程数学模型中的常量参数；或者通过实验验证化工原理基础理论和数学模型准确性，从而建立完整的化工单元操作方法论，实现其工程应用。化工原理实验具有很强的工程性特征，可以培养学生工程实践能力，建立分析和解决工程实际问题的方法，在化学工程技术人才培养中发挥重要作用。

化工原理实验不仅注重典型化工单元操作原理的工程应用实践问题，也是多学科知识的综合运用。每一个化工原理单元操作实验都会用到计算机技术、化工仪表、工程制图等不同学科的工程基础知识，通过工程基础知识体系的重整和应用培养学生综合运用工程基础知识解决工程实际问题的能力。

化工原理实验采用多种方法和手段完成典型单元操作的实验教学。提高经典实操实验的可设计性，学生可以分组设计实施不同实验方案，并比较分析不同的实验结果；开设演示实验可视化方法加深对实验现象和过程本质特征的理解；开设虚拟仿真实验，利用信息化技术开展高危险、复杂工况等条件下的实验教学；融入课程思政和文献导读，培养学生科学素养和工程责任。使学生不仅巩固升华化工原理基本理论，获得实验操作技能训练，而且可以锻炼实验设计创新思维和实验数据分析综合能力。

面向国家战略和产业升级以及技术创新需求，并以成果导向教育（OBE）理念为指导，结合教育部提出的本科课程“高阶性、创新性和挑战度”的建设要求，新时代的化工原理实验课程更加注重培育人才在科学研究、新技术研发、工程创新设计等工作中所需的工程实践能力和综合素质。通过单元实验，学生结合过程操作和优化，学习运用理论知识设计实验，分析和解决工程问题的能力得到锻炼和提高。针对能源技术转型需求和能源、双碳发展战略部署，通过课堂学习和文献阅读，学生可对经典化工单元操作提出可改进的技术方案和想法，既提升了自主学习能力，也提高了自身综合素质。可见，化工原理实验为学生提供了包括专业技能提高、学科实践认知和训练、技术升级和创新、工程意识和思维培养以及综合素质提升等方面的多角度教学支撑，对综合型高素质人才输出至关重要。

1.2 化工原理实验的教学目标

化工原理实验课程作为化工原理理论的重要实践环节，要求学生掌握化工单元操作的基本规律、常用设备的结构和工作特性、常用工业仪器仪表的使用方法；通过实际操作不同的单元设备掌握实验操作技能和安全操作规范；通过准确采集实验数据观察并分析实验过程中的现象和规律，深入理解单元过程原理和操作方法，逐渐形成工程观念，树牢工程安全意识，培养以工程角度合理分析实验数据、分析化工实际问题的能力。

化工原理实验是一门探究性、互动性较强的工程实践课程。针对具体单元操作要求，通过设计型和研究型实验培养学生发挥主观能动性开展实验研究的能力；结合化工原理基本理论，灵活运用标准、规范、手册、图册和有关技术资料获得所需工艺参数和计算方法，应用计算软件进行实验数据的分析处理；综合实验数据对所获得的结果进行分析讨论，撰写实验报告，获得有效结论。

化工原理实验要求学生完成实验预习、实验操作和实验报告撰写等多个环节，培养学生自主学习能力、团队合作意识和工程观念。学生通过思维导图设计规划实验具体内容；通过课前预习思考题了解相关技术发展；通过团队协作分工完成实验操作、比较分析不同实验方案，培养团队合作意识；通过单元设备的操作参数合理优化建立单元设备性能与过程经济性及环境影响的关联，培养正确工程观念和严谨工作态度；融入“能源”“双碳”等实际生产案例中的思政元素，阐释正确价值观对工程实践活动的影响，培养工程职业道德规范，树立正确的工程伦理观，增强民族自信及爱国情怀，并提高科学素养、人文素养和社会责任感。

1.3 化工原理实验的内容和研究方法

1.3.1 化工原理实验的内容

不同于化学类基础实验课程，化工原理实验属于工程实验范畴，其实验内容是工程应用性强的单元设备和工艺流程，实验过程包括设备操作、过程控制和参数优化等环节，要求学生运用工程观点观察实验现象、分析处理实验数据并得到实验结论，从而指导单元过程的工艺设计计算，增强学生对复杂工程问题的理解。

化工原理实验内容包括实操实验、演示实验和虚拟仿真实验。实操实验覆盖了典型的单元操作，如流量计校正与流体力学综合实验、离心泵综合实验、管路拆装实验、恒压过滤实验、传热综合实验、精馏综合实验、气体的吸收与解吸实验、洞道干燥实验、膜分离实验和转盘塔液-液萃取实验；演示实验包括雷诺演示实验和板式塔流体力学演示实验；虚拟仿真实验包括电动往复式压缩机工艺仿真实验和精馏塔工艺仿真实验。

不同于体系简单和理论严密的化学基础实验，化工原理实验需解决复杂的工程实验问题，变量多，涉及物料广，设备结构复杂。化工原理实验的研究内容包括：验证化工原理基础理论，掌握单元过程操作方法，巩固和加深对化工单元过程原理的理解；对于内在规律尚不明晰的化工单元过程，通过实验研究建立过程变量之间的函数关系；或者通过实验确定化工单元过程数学模型中的常量参数。上述实验研究与理论分析相结合，为单元操作过程及设备设计提供基础数据，完成化工单元过程的工艺计算，提高学生利用基本理论分析解决化工实际问题的能力。

通过实验研究寻找分析工程问题的研究方法并归纳其规律特点，用于指导工业生产和技术进步，是化工学科建立和发展的重要基础。常用的实验研究方法包括量纲分析法、数学模型法、过程分解与综合法、变量分离法、参数综合法、过程系统稳态模拟、过程系统优化的极限处理等。此外，以空气、水、沙等廉价安全的物料替代真实化工物料的冷态模拟实验方法（简称冷模实验法）不仅可探明无化学反应情况下系统的传质、传热和动量传递规律，也可降低实验危险性，节约经济和时间成本，是复杂工程问题解决的常用方法。

1.3.2 化工原理实验的研究方法

下述为几种实验研究方法及其在化工原理实验中应用的简介。

（1）直接实验法

直接实验法是解决工程实际问题最基本的方法。某一特定工程问题的直接实验测定为实验结果提供了可靠性，但该方法只适用于条件相同的工程环境，应用受限。例如过滤实验中的物料处理，若滤浆浓度已知，操作压力恒定时，经过滤实验操作可直接测定过滤时间和滤液体积，由过滤时间和滤液体积间的关系得到物料的恒压过滤曲线，而改变滤浆浓度或操作压力则获得不同过滤曲线。

（2）量纲分析法（dimensional analysis）

化学工程问题涉及变量多，过程复杂，常采用网格法规划实验得到过程规律，具体为依次固定其他变量而改变某一变量测定目标值，实验工作量大。例如流体阻力的主要影响因素有6个（管径d、管长l、平均流速u、流体密度ρ、流体黏度η和管壁粗糙度ε），若单一变量的实验次数为10次，当变量增多时，实验次数将以幂指数趋势剧增。

工程中，常采用量纲分析法简化工程问题，降低工作量，并保证分析结果的正确性。以量纲一致性原则和白金汉Π定理为基础，将n个变量之间的关系转变为数量上显著减少的$n-k$个（k为基本量纲数量）无量纲特征数之间的关系，将多变量函数整理简化为无量纲数群关联的函数，再通过实验获得具体的特征数关系式或算图。

无量纲化不仅显著减少实验次数，而且归纳出无量纲特征数作为独立变量开展实验，揭示过程变量的影响规律，达成工程问题的设计和计算。无量纲数群的确定需要建立在对研究过程有本质理解的基础上，若遗漏重要变量或引入无关变量，将会导致关联函数错误，影响工程应用。化工原理实验中，圆形直管内摩擦系数的测定、对流传热系数的测定以及对流传质系数的测定等都基于量纲分析法。

（3）数学模型法

数学模型法是在掌握过程本质和特征的前提下，对过程的影响因素进行合理简化并建立物理模型，进行过程的数学描述，通过实验确定模型参数并加以验证。尽管数学模型法的应用基于目标较清晰的工程问题，但模型准确性与复杂物理过程简化的合理性以及数学求解的难易程度密切相关，即数学方程应足够简单且物理意义明确、求解便捷。

化工单元过程中常用的数学关系式包括物料衡算方程、能量衡算方程和过程特征方程（如相平衡方程、过程速率方程、溶解度方程等）以及与过程相关的约束方程。例如，在过滤实验中，为研究流体通过固体颗粒床层压力降的问题，将颗粒间复杂形状的流体通道简化为平行的规则细管，通过直管内压降计算公式建立流体通过固定床压降的数学模型，经实验测量检验，该模型可有效地描述实际固体颗粒床层的压降规律。

（4）过程分解与合成法

过程分解与合成法是研究复杂问题的一种有效方法，将一个复杂过程（或系统）分解为联系较少或相对独立的若干个子过程或子系统，分别研究各子过程本身特有的规律，再将各过程联系起来，考查各子过程之间的相互影响以及整体过程的规律。这一方法显见的优点是从简到繁，即先局部考查再整体研究。在过程分解之后再辅以量纲分析法，可以大幅度减少实验次数。

在应用过程分解的方法研究工程问题时应注意，由每个子过程所得的结论只适用于局部，某一子过程的最优设计或操作参数并不等于整个过程的最优状态，通常整个过程可能受制于若干关键子过程的共同影响。化工原理实验中，流体输送、传热过程和气体吸收等实验就是在这种研究方法指导下开展的。

（5）变量分离法

化工单元操作是由物理过程与过程设备共同构成的综合系统。同一物理过程可在不同形式、结构的设备中完成，使物理过程变量和设备变量交集化，工程问题变得复杂。变量分离法是分出众多变量中联系较弱者进行研究，使问题简化。例如，气体吸收实验中，将归属于设备特性变量的传质单元高度与归属于工艺条件变量的传质单元数作为分离的变量分别研究；精馏实验中，将理论板数和塔板效率作为分离的变量引入，分解研究复杂的精馏过程。

（6）参数综合法

单元操作过程的数学模型中，不论是机理模型还是经验模型，都存在模型参数的实验确定问题。为避免实验研究涉及的单个参数测量和计算的困难，在数学模型的推导过程中常采取参数综合法处理模型包含的多个原始模型参数，即将几个同类型参数归并成一个新的综合参数，以明确表示主要变量与实验结果之间的关系。例如过滤常数、传质系数等都属于综合参数，可以通过实验测定，为单元操作过程及设备设计提供基础数据。

1.3.3 知识图谱

化工原理实验的具体研究内容和研究方法如图 1.1 知识图谱所示。

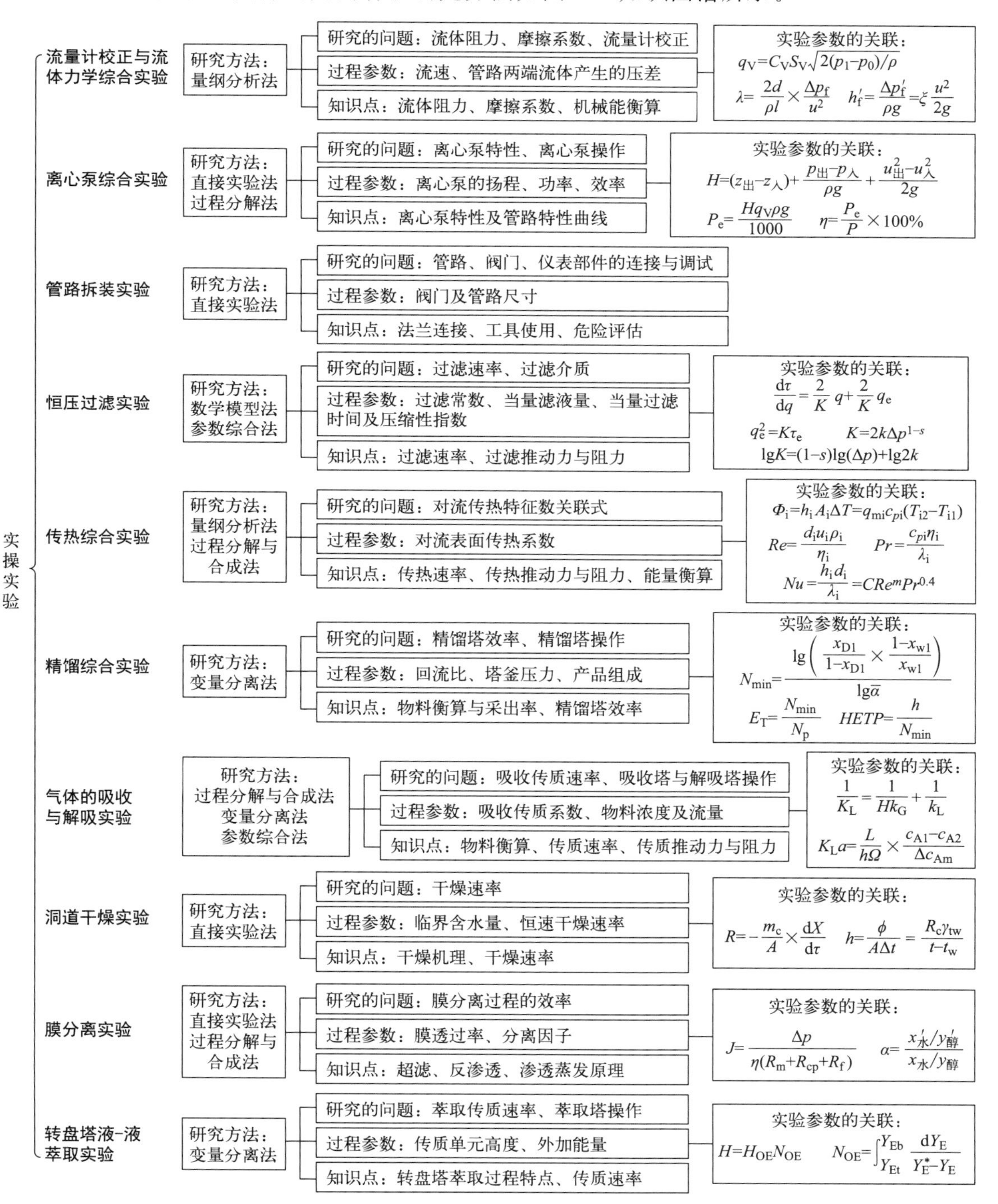

图 1.1

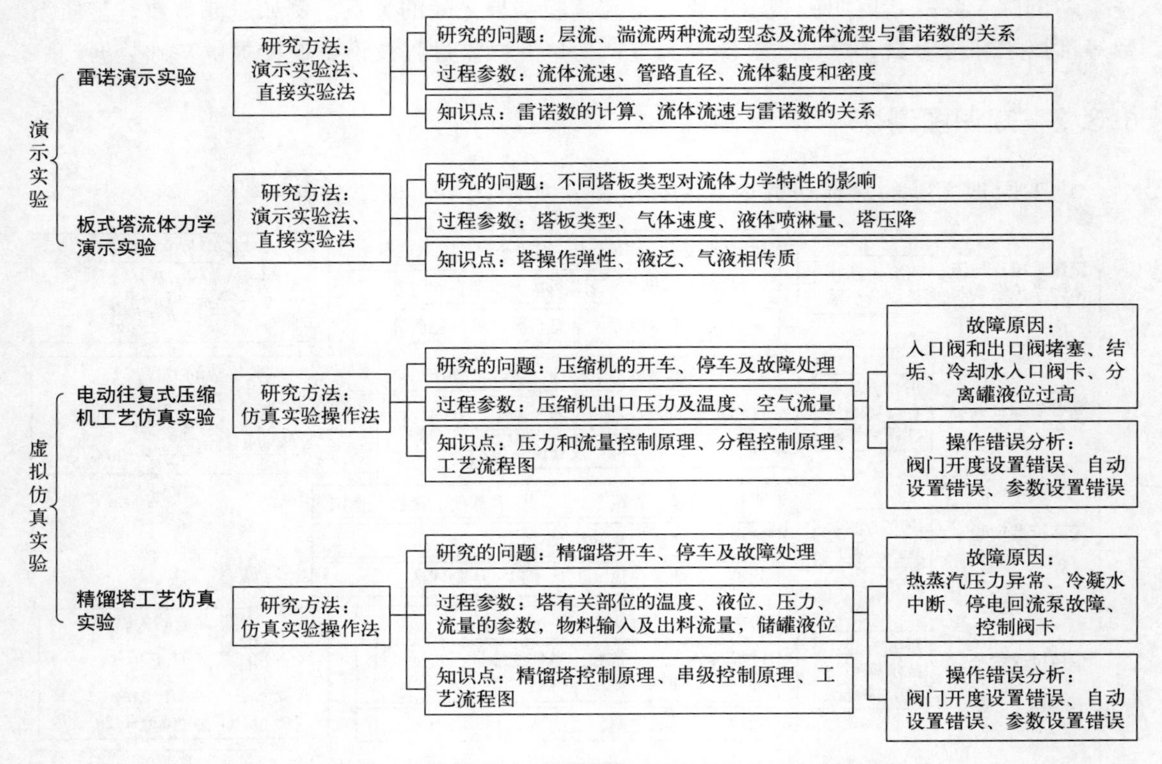

图 1.1　化工原理实验的具体研究内容和研究方法知识图谱

1.4　化工原理实验的教学要求

1.4.1　实验准备要求

为了更好地完成实验，取得良好的实验效果，上课前，学生应该提前预习实验，认真阅读实验教材，了解实验内容及操作过程，完成实验设计及思维导图（参见图 1.2 示例，并扫描二维码获取更多数字资源），结合教材配套的视频资源了解仪器的构造及使用方法、实验数据测量及记录方法、实验注意事项等，撰写预习报告并在实验操作前由指导教师审阅。

1.4.2　实验操作、观察与记录

实验操作过程中，学生应根据实验要求进行操作，结合数据表格及仪表的测试范围安排好数据测量范围。调节相关参数后，将数据填入原始数据表格，观察并记录实验现象。实验过程中可能会出现少量数据不符合规律的情况，应查找原因或者进行重复实验，不能随意篡改实验数据。

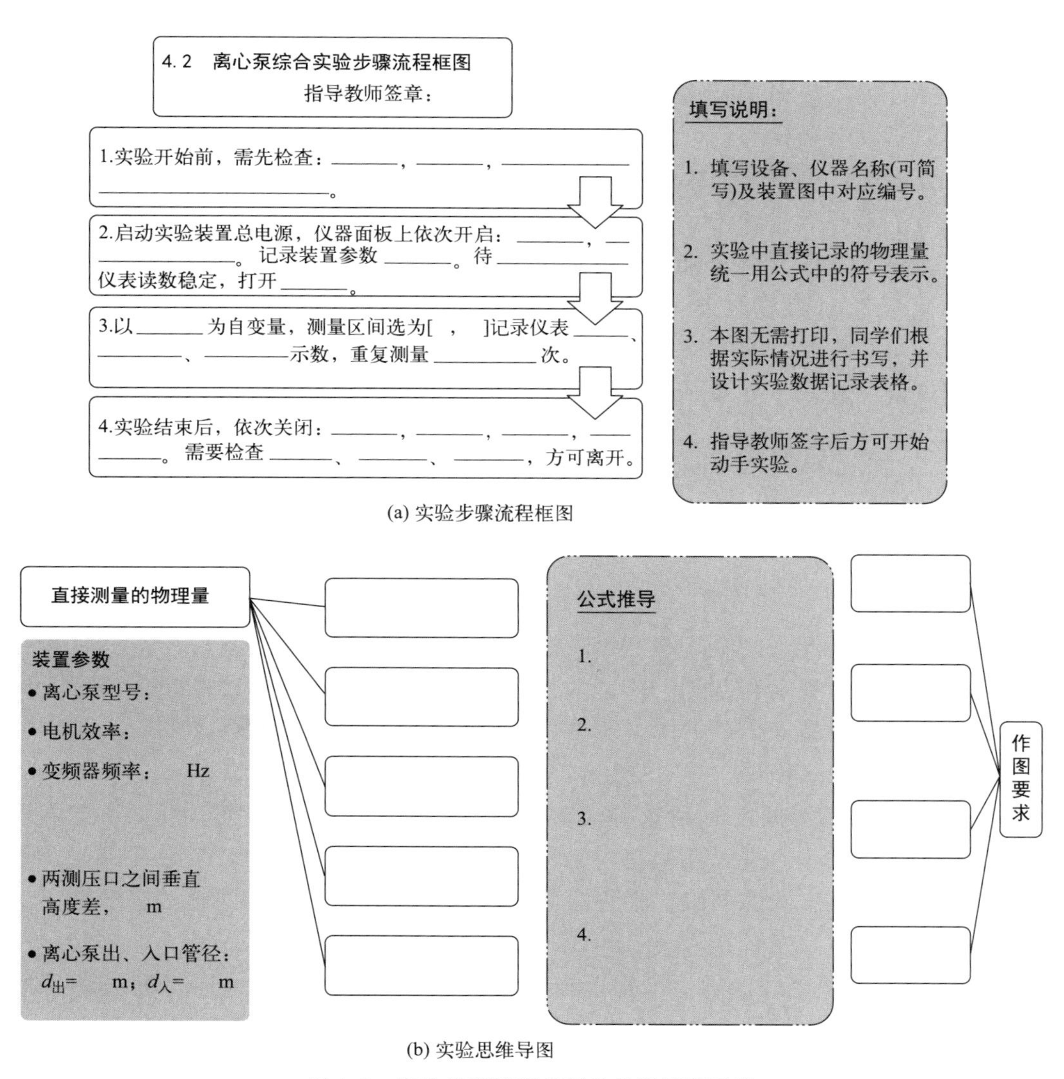

(a) 实验步骤流程框图

(b) 实验思维导图

图 1.2 实验步骤流程框图及思维导图示例

1.4.3 实验报告要求

化工原理实验报告应包括以下基本内容：①实验目的；②实验内容及原理（包括实验思维导图）；③实验装置及流程图；④实验流程与操作要点；⑤实验记录；⑥实验数据处理；⑦实验结果分析与讨论；⑧思考题（包括预习思考题和课后思考题）、自我评估及对实验的建议；⑨参考文献。

实验报告不能照搬实验指导书，应对实验内容进行概括和总结，以完成实验思维导图。同时应对实验所涉及的内容进行文献调研，了解相应化工产业发展和新技术创新相关的学科内容，对学科前沿知识进行文献调研，了解国内外技术及研究进展，提出问题和解决方案或者结论，提高文献调研的能力和水平。此外，应同步了解所涉及的绿色化工知识及工程伦理方面的知识，拓展知识体系。在实验预习的过程中，学生应对实验中所包含的安全因素进行风险分析，并提出预防和降低风险的方法。

实验完成后，学生应对记录的数据进行处理，并以一组数据为例体现计算过程。数据量较多时，建议使用计算机软件进行处理。所绘制的图表应符合规范，清晰美观。

实验报告模板，请扫描二维码获取相关数字资源。

实验成绩主要由实验预习、实验操作、实验报告、综合评价四部分构成。实验考核不仅考查学生对实验基本知识、基本技能的掌握及实验报告的撰写能力，更注重考查学生的实验设计水平、实验素养和实践能力的养成。指导教师将根据学生的达成度情况，持续改进教学方法，不断提高教学效果。具体评价指标请见二维码链接数字资源。

1.5 化工原理实验室的管理制度

① 首次实验课程开始之前，学生必须经过实验室安全培训，进入实验室期间必须严格遵守实验室管理规定和课堂纪律。学生在课前应做好预习，认真阅读实验有关仪器的使用规范与化学药品安全数据的说明书，充分了解本次实验所用仪器与化学试剂的正确使用方法及安全注意事项。

② 学生应按预约时间准时到达实验室，熟悉实验室及周围环境，并按照指导教师要求进行实验准备工作。进入实验室内必须穿实验服；禁止披发，长发必须绾好；禁止穿裙子、短裤等暴露皮肤的衣服；禁止穿凉鞋、高跟鞋、拖鞋或有网眼的运动鞋；禁止戴隐形眼镜。

③ 未经指导教师允许，学生不得擅自调试、拆装仪器或进行未通过安全评价的实验项目。进行可能影响人体健康或发生危险的实验时，要根据具体情况，采取必要的安全防护措施。一旦装置运行出现故障或发生安全事故，应立即撤离至安全位置，并及时向指导教师报告，由指导教师进行解决。

④ 学生进入实验室后应保持安静，禁止在实验室内从事一切与实验课程无关的活动。具体要求包括但不限于：室内禁止进食及饮水；禁止使用手机等移动设备从事与实验课程无关的活动；使用计算机期间不允许运行与实验无关的程序；仪器运行期间不得擅自离岗。严禁将任何实验室物品及药品带离实验室。

⑤ 实验过程中，根据实验需要佩戴防护眼镜和安全帽；设备运转噪声大时，及时佩戴降噪耳罩；装卸零件时应戴好劳保手套；与设备高温热源保持距离，防止烫伤；与高速运行的机械设备保持距离，防止人身受其伤害；使用气瓶和易挥发溶剂的实验室，实验前应先开启换气设备，实验期间保持室内通风。使用移动存储设备接入计算机进行实验数据拷贝前，应确保其未携带病毒程序。

⑥ 实验结束后，学生必须整理所用的仪器和药品，整理实验室卫生，检查水、电、气源是否关好。

1.6 化工原理实验安全

实验室水、电、气的安全高效使用是保障实验室顺利运行的基础。化工实验的危险来源主要有三个方面：高温高压的实验条件；有毒有害的化学原料；操作过程的危险性。实验操作人员在实验过程中必须严格遵守实验安全操作规范。

1.6.1 化工原理实验安全风险分析

化工实验室危险因素繁多，实验人员、实验设备、实验室环境及管理等因素都可能引发安全事故（典型实验安全事故分析见二维码链接）。在日常管理和教学过程中，需始终坚持以人为本，持续增强师生安全责任意识。

表 1.1 列出了化工原理实验中可能出现的安全风险、注意事项及“三废”处理。

另外，经常检查水龙头及装置是否漏水、插座及气瓶的完整性，是保证安全用水、用电、用气的前提。

表 1.1 化工原理实验安全风险、注意事项及“三废”处理

序号	实验项目	使用化学试剂	安全风险	注意事项	“三废”处理
1	管路拆装实验	无	工具砸伤	正确使用工具	无
2	流量计校正与流体力学综合实验	无	无	注意水电	直接排放
3	离心泵综合实验	无	无	注意水电	直接排放
4	恒压过滤实验	碳酸钙	粉尘	注意粉尘	静置沉淀
5	传热综合实验	无	烫伤	防烫	直接排放
6	气体吸收与解吸实验	氧气	氧气泄漏	安全使用气瓶	直接排放
7	精馏实验	乙醇、正丁醇	易燃事故	注意防火	回收处理
8	洞道干燥实验	无	烫伤	注意开风机	无
9	转盘塔液-液萃取实验	煤油、苯甲酸	易燃事故	注意防火	回收处理
10	膜分离实验	无	超温超压	防烫	直接排放
11	虚拟仿真实验	无	无	无	无

在实验装置上及实验室内张贴安全标识（具体标识图片请见二维码链接），提醒学生注意实验安全。若一旦发生安全事故，如烫伤等，实验室的急救药箱可以进行简单处理，严重者应尽快就医。

1.6.2 实验室应急预案

（1）实验室发生燃烧时的应急处理

本实验室涉及的易燃化学品有乙醇（精馏实验）、煤油（萃取实验），均易发生易燃事故。在燃烧初期，应及时关闭相关装置的电源并切断相关阀门，采用灭火器对火焰的根部进行灭火；发现附近有可燃化学品的，应尽快搬离。在燃烧中期，火势难以控制时，应迅速请求外援，组织人员灭火并及时撤离。火被扑灭后及时清理现场。

(2) 实验室发生爆炸时的应急处理

如预判爆炸事故不可避免即将发生，人员应迅速撤离现场，若时间允许可按以下程序处理。以实验室装置内物质爆炸式处理方法为例，立即疏散人员，引导人员安全撤离，切断电源，搬离附近的可燃物或易爆物如有机溶剂等。对于爆炸引发的火灾，参照以上燃烧的程序处理。

(3) 实验室发生化学品泄漏时的应急处理

及时疏散实验室人员；立即佩戴好防毒面具；关闭实验装置；打开窗户，加强通风；检查泄漏点并及时堵塞；对于液体泄漏，用拖把或其他能够吸液的物质处理现场。

实验人员一旦发生化学品中毒，应及时送往医院进行抢救。

1.6.3 实验室“三废”处理

实验产生的固体废弃物、废液应按其性质分类，妥善回收与存放，按照学校有关制度规定管理并定期予以处理。禁止向水槽内放入杂物，实验者应当及时清理因操作不当导致地面出现的药剂或积水。

流体实验及传热实验中用到的水可于实验结束后直接排放；精馏中产生的塔釜废液可集中收集，再掺入高浓度的乙醇后可直接用于精馏实验的原料液，掺有正丁醇的混合液集中收集，并由学校定期统一处理；过滤实验中产生的固体废弃物经沉淀后进行收集，并由学校定期统一处理；气体吸收与解吸实验中用到的氧气，通过开窗通风降低安全隐患，不需要处理。

1.6.4 实验室化学品管理

化工原理实验室所涉及的药品主要是精馏原料及过滤原料等，毒性相对较低，放在实验药品专用储存柜中，使用时进行登记签字，并定期检查。

危险化学品应当分类分项存放，通道应达到规定的安全距离，不得超量储存。对于受阳光照射容易燃烧、爆炸或产生有毒气体的危险化学品和桶装、罐装等易燃液体、气体，应当在阴凉通风地点存放。所有危险化学品的容器都应有清晰的标识或标签，分开存放，妥善保管。使用危险化学品及从事易燃易爆品、有毒气体以及有压力反应等危险性较大的实验前，要科学制订安全可靠的实验方案及其应急防范措施，严禁盲目操作。

1.6.5 实验室安全测试题

第2章 实验设计与数据处理

实验规划设计是实施具体实验前的先导任务，周密完善的实验方案能够有效提高工作效率，减少实验试错工作量，因此高质量的实验设计是保障实验成功的关键之一。及时进行实验数据的整理和计算处理，正确解读和分析实验数据，去伪存真，可以确保推演结论的有效性，进一步发现和总结问题，持续改进实验方案和实验研究手段。针对复杂工程问题，学生应学会运用批判性思维，多角度识别和评价实验结果中存在的局限，基于对问题的深入理解、客观分析和专业判断，探究问题的创新解决途径。

2.1 实验规划与研究方法

化工原理实验主要测定单元操作中的重要基础参数，探讨操作参数、设备特性与实验结果之间的规律性，加深对化工单元过程的理解，进而为工业装置或过程设计提供依据。做好实验规划，选择合适的研究方法，可以用最少的工作量获取预期目标信息，节省研究成本，事半功倍。

2.1.1 实验规划

实验规划主要包括方案设计、实验实施和结果分析三阶段。

方案设计阶段，要明确实验目的、考查指标及要求、主要影响因素及其变化范围等。实验考查指标是考查或衡量实验效果的特征值，可以是定量指标或定性指标、单考查指标或多考查指标。实验影响因素是影响实验考查指标的要素，其变化状态和条件称为因素的水平，因素的水平应可控并反映实验考查指标变化。实验影响因素包括条件因素、标示因素、区组因素、信号因素和误差因素等。其中，条件因素是可以人为选择的、水平可以比较的因素，如化工生产中的温度、压力、催化剂、原料流量及组成等。各实验影响因素间可能存在交互作用，联合影响实验指标。好的实验设计可以明确影响因素与考查指标间的规律性，找到兼顾各指标的实验方法。常用的实验规划设计方法包括序贯实验设计法、均匀设计法、正交实验设计法等，其中正交实验设计法适于解决多因素、多指标的实验优化设计问题。

实验实施阶段，可采用同时法和序贯法执行方案，获得可靠的实验数据。同时法是同时进行所有实验，找出最优实验条件，适用于验证性实验；序贯法是根据前序实验结果安排后续实验，适用于探索性实验，可以减少实验次数。实验实施过程中，对同一试样，采用相同实验方法，进行连续两次或多次重复实验，可以提高实验的可信度。

结果分析阶段，通过实验数据分析，针对研究目标找出关键的考查因素，确定优化实验条件或因素水平组合。

2.1.2 实验流程设计和实施

化工实验的系统流程通常涵盖原料供给（包括原料制备、净化、计量、输送等环节），物流路线、流程监测，目标产物收集、采样分析等。化工原理实验采用的装置通常是各种单元设备和测试仪表通过管路、管件和阀门等组合而成的系统。

化工原理实验流程的设计和实施具体包括以下内容。

（1）根据实验原理和任务选择适宜的实验方法，确定工艺路线，绘出工艺框图

通过模拟计算确定物料平衡，绘出工艺过程流程图（process flow diagram，简称为PFD）；进行设备、阀门、仪表、管线的选型设计，绘出带控制点的管道仪表流程图(piping and instrumentation diagram，简称为P&ID)。

化工原理实验主要培养学生能够正确读取与绘制P&ID图，一般包括三方面内容：主体设备及附属设备示意图，连接各设备、标有物流方向的连线（表示管路），以及标注各设备或管路的检测点和控制点（例如仪表、阀门）符号。例如，检测点以代表物理变量的符号加上“I”示意，如用“PI”表示压力检测点、“TI”表示温度检测点、“FI”表示流量检测点、“LI”表示液位检测点等，而控制点则在物理量简写字母后加上“C”表示。

（2）确定主体单元设备，再根据需要配套附属设备

例如在流体力学、传热等实验中，需选择不同型号的流体输送设备，配备不同规格的管路；在精馏实验中，需选择不同结构的板式塔或填料塔，另外配套用于分析样品组成的附属设备。

（3）找出所有的待测原始变量，确定主要检测点和检测方法，并合理配置检测仪表

实验中需要测定的原始变量数据一般分为工艺数据和设备性能数据两大类。工艺数据包括物流的流量、温度、压力及组分浓度，主体设备的操作压力和温度等；设备性能数据包括主体设备的特征尺寸、功率、效率或处理能力等。

（4）确定操作所需的控制点和控制手段，并配置必要的控制或调节机构

以便满足设备正常操作以及操作条件和状态调节等要求。

（5）搭建实验装置，进行装置调试

完成实验流程设计后，需要合理搭建实验装置。常见步骤包括水、电、气供给配套

设施的改造和布置，搭建设备安装架，安装机泵、管路和仪表，安装自动及智能控制机构等。公用工程提供的条件需满足实验运行的最大负荷；设备安装架应置于安全、可靠、便于使用和维护的环境；仪表的测量点需要布置在最具代表性部位，强电和弱电电路接线符合电气安全和布线规范，用电设备需接地良好，减少仪表信号干扰因素。

装置调试内容包括检验系统密闭性、测量仪器的校正、流程试运行等。系统密闭性检查包括分别用空气和水进行试压、查漏和堵漏等环节。测量仪器校正取决于具体物料、安装方式和使用条件。流程试运行时可检查系统开停车、正常运行时各部件的协调性和稳定性，仪表指示值的灵敏性，控制按钮、阀门等开关状态是否符合要求，管路是否畅通，系统内平衡状态、稳定状态和过渡状态及其极限范围是否能满足实验要求，发现问题应及时调整改进。

（6）评价实验流程的合理性

例如从实际运行效果、目标达成、经济核算、安全环保等角度评价其合理性，持续改进实验系统。其中，安全评估重点方面包括系统安装结构、设备运行、电气安全、环境影响等。

2.1.3 研究方法

化工原理实验的研究方法请参考 1.3 节的详细阐述，本节不再赘述。

2.2 实验数据采集与误差分析

2.2.1 实验数据采集

正确进行实验原始数据采集，是处理实验数据以获取真实准确实验规律的基础。

化工原理实验数据采集工作主要包括以下三方面。

（1）实验操作之前，应明确需要测定哪些数据

凡是与实验结果有关或者整理实验数据所必需的参数都应逐一测定。实验原始数据通常包括工作介质性质、操作条件、设备几何尺寸及大气条件等，并应在实验前完成原始数据记录表的设计。此外，可以由某一参数推导或手册查取的数据无需直接测定。例如水的黏度、密度等物理性质与水温相关，不必直接测定，仅需测出水温后查阅有关数据手册获得。

（2）实验测量数据的分割和布点

一般来说，实验即时测量数据很多，可选择其中一个参数作为自变量，与之相关的数据作为因变量。如离心泵特性实验中，选择流体流量为自变量，与流量相关的扬程、轴功率、效率等作为因变量函数。实验测量数据的范围需足够宽，才能涵盖实验所要获得的规律性。

实验结果通常以坐标绘图的形式直观表达函数规律，可以对实验数据进行均匀分割，或者通过增加局部过程数据采集的布点数量或采集频率，研究动态过程或瞬时规律。

化工原理实验常用直角坐标和双对数坐标进行函数描述，不同坐标下分割值与实验预定的测定次数 n 及其最大（x_{max}）、最小（x_{min}）控制量之间的关系如式(2.1) 和式(2.2) 所示。

① 对于直角坐标系

待测起点 $x_1=x_{min}$，分割值 $\Delta x=\dfrac{x_{max}-x_{min}}{n-1}$， 布点位置

$$x_{i+1}=x_i+\Delta x \tag{2.1}$$

② 对于双对数坐标系

待测起点 $x_1=x_{min}$， 分割值 $\lg\Delta x=\dfrac{\lg x_{max}-\lg x_{min}}{n-1}$ 或 $\Delta x=\left(\dfrac{x_{max}}{x_{min}}\right)^{\frac{1}{n-1}}$， 布点位置

$$x_{i+1}=x_i\Delta x \tag{2.2}$$

(3) 实验数据读取与记录

实验开始后，需要准确读取原始数据及观察实验现象，并在实验前拟定的原始数据记录表上做好记录。

实验数据读取与记录时需注意：

① 化工原理实验经常由几人合作完成，建议多人分工同时读取实验数据。若某操作者同时兼读几个数据时，应尽可能动作敏捷。为评价实验误差大小，同一条件下测定的变量实验数值至少为 3 次采集数据的平均值。每次读数都应与其他有关数据及前一次数据对照，若不合理，应排查是现象反常还是误读数据引起的，并在记录上注明。

② 设备及参数稳定后才能读取数据，以排除仪表滞后等影响。波动较大的参数可取波动最高、最低点数据平均值，波动不大的参数可取波动中间值作为估计值。

③ 记录直接读取的原始数值，注意读数精度，注意记录仪表采用的计量单位。数显仪表直接读取显示屏示数，刻线标尺仪表读取最小度量级的后一位作为估计值。

④ 某些环境条件参数如环境温度、大气压、空气湿度等易随时间变化，实验中应随各组次测定数据同步记录。

⑤ 实验测得数值需要进行运算时，应遵从相关修约规范，合理保留有效数字位数。

⑥ 不可随意修改、舍弃原始实验数据。判断为过失误差造成的不正确数据可在记录表中注明，不计入结果。

2.2.2 数据的真值

被测对象参数的真值是指其客观存在的真实值，由于测量仪器、测量方法、环境条件以及人的观测能力等都不能达到完美，绝对真值无法直接测得，通常只能用相对的真值近似和替代。在化工实验中，经常采用统计真值、引用真值和标准器真值。

(1) 统计真值

指多次重复实验测量值（x）的平均值。实验中常用多次测量数据的平均值，如算

术平均值（x_m）、均方根平均值（x_s）、几何平均值（x_c）和对数平均值等，作为近似真值。

算术平均值：

$$x_m = \frac{x_1 + x_2 + \cdots + x_n}{n} = \frac{\sum_{i=1}^{n} x_i}{n} \tag{2.3}$$

均方根平均值：

$$x_s = \left(\frac{x_1^2 + x_2^2 + \cdots + x_n^2}{n}\right)^{\frac{1}{2}} = \left(\frac{\sum_{i=1}^{n} x_i^2}{n}\right)^{\frac{1}{2}} \tag{2.4}$$

几何平均值：

$$x_c = (x_1 x_2 \cdots x_n)^{\frac{1}{n}} = \left(\prod_{i=1}^{n} x_i\right)^{\frac{1}{n}} \tag{2.5}$$

式中，n 和 i 取正整数。

（2）引用真值

指引用文献资料中前人证实过并得到公认的数据参考值（包括理论定义值和预测值）作为真值。

（3）标准器真值

指使用高精度仪表的可靠测量值作为低精度仪表测量值的真值。

2.2.3 误差的基本概念与表达形式

2.2.3.1 误差的基本概念

被测对象参数的人为观测值与客观真值的差称为观测误差，简称**误差**。

随着科技进步和认识水平的提高，实验误差可以控制得越来越小，但始终不能完全消除，即误差的存在具有必然性和普遍性，在实验中应设法减小误差至最小，以提高实验结果的精确性。

实验数据误差分析可以评判实验数据的可靠性。通过误差分析，可以区分误差的来源及其对所测数据准确性的影响，排除个别无效数据，从而保证实验数据及结论的正确性，进一步指导和持续改进实验方案，提高实验过程的可靠性。

2.2.3.2 误差的表达形式

在测量实践中，常用算术平均误差和标准误差量度一组测量数据的平均误差。

（1）算术平均误差

算术平均误差的定义式为

$$\sigma = \frac{\sum_{i=1}^{n} |X_i - X_m|}{n} \tag{2.6}$$

式中，X_m 和 X_i 分别为多次测量值的平均值和单次测量值；n 为总测量次数。算术平均误差无法表示出各次测量值之间彼此符合的程度，因为一组偏差相近测量值的算术平均误差可能与另一组偏差范围较宽测量值的算术平均误差相同。

（2）标准误差

标准误差简称为标准差，或称为均方误差。

当测量次数为无穷时，其定义为

$$\sigma=\left(\frac{\sum_{i=1}^{n}(X_i-X_n)^2}{n}\right)^{\frac{1}{2}} \tag{2.7}$$

当测量次数为有限时，常用式(2.8) 表示：

$$\sigma=\left(\frac{\sum_{i=1}^{n}(X_i-X_m)^2}{n-1}\right)^{\frac{1}{2}} \tag{2.8}$$

式中，n 表示观测次数；X_i 表示第 i 次的测量值；X_m 表示 n 次测量值的算术平均值。

标准误差表示等精度测量数据中每个观测值对其算术平均值的分散程度。相较于算术平均误差，标准误差对一组测量值中的较大或较小偏差更敏感，能较好地表明数据的离散程度，因此标准误差通常被作为评定测量值随机误差大小的标准，在化工实验中应用广泛。

2.2.3.3 误差的分类

根据误差来源和性质，可分为系统误差、过失误差和随机误差。图 2.1 所示为化工实验数据误差分析评价知识图谱。

（1）系统误差

系统误差，是由于测量偏离规定的条件、测量方法不合适或者按某一确定规律变化所引起的误差。在同一实验条件下多次测量同一量值时，系统误差的绝对值和符号保持不变，或在条件改变时按一定规律变化。

系统误差一般来源于测量工具的精度、测量方法、实验环境条件、实验者操作能力水平和观察习惯等方面。例如，标准值的不准确引起的误差，量具的刻度标尺制造引起的误差，装置结构设计和仪器制造存在缺陷引起的误差，仪表量程及精度选择不当、计量校核不准确引起的误差，采取了近似的测量方法或近似的计算公式等引起的误差，以及环境气氛、温度、压力、湿度、电磁场等存在不理想的状况，动态观测中读数人员的习惯性滞后等都会引起系统误差。

因为系统误差是由按确定规律变化的因素造成的，这些误差因素是可以掌握的，所以对系统误差的处理办法是发现和掌握其规律，然后尽量避免和消除。因此，在实验过程中应对系统误差相关的信息进行完整记录。由实验仪器因素、测算理论方法和环境因素等引起的系统误差，重复测量后仍存在，并随测量条件改变且呈现一定规律性，可以通过一定方法识别、修正与消减。

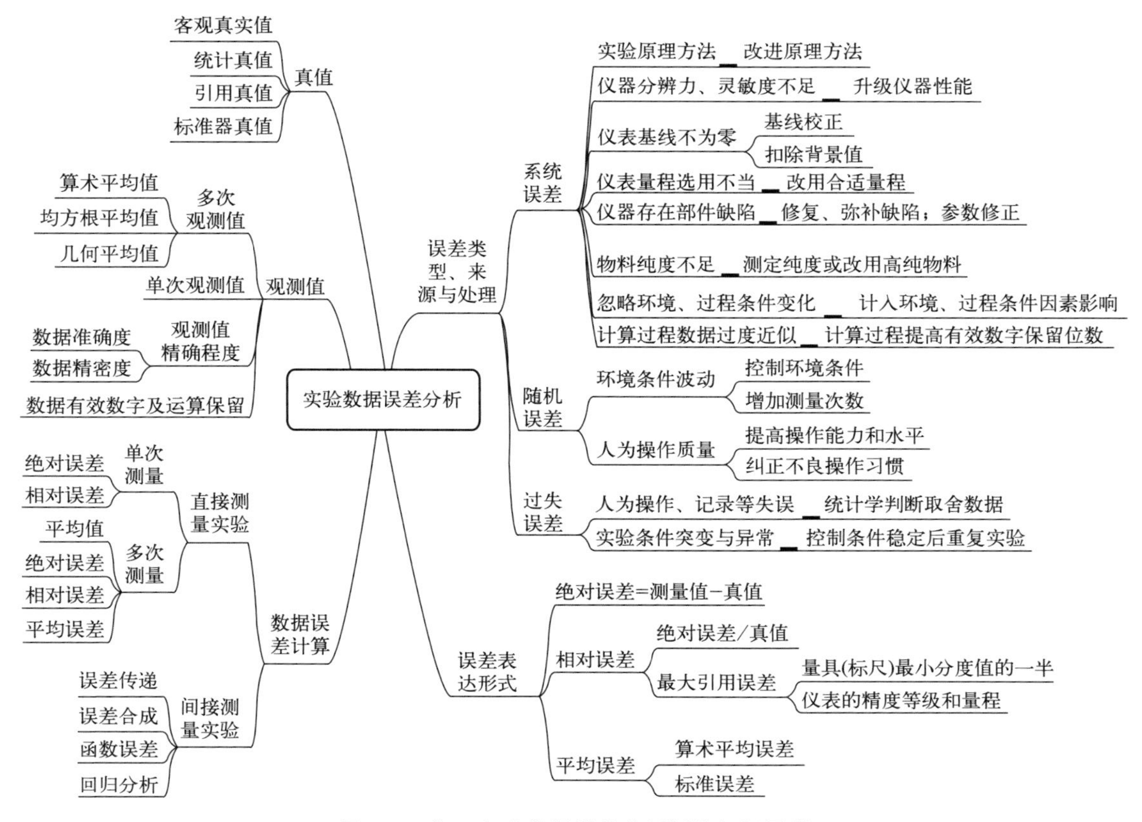

图 2.1　化工实验数据误差分析评价知识图谱

鉴别系统误差的办法包括数据和理论分析，以及对比法，即改变测量条件、对比测量仪器、对比实验方法或更换实验人员等。

（2）过失误差

过失误差，或称粗大误差，是因实验者明显歪曲测量结果造成的误差。例如，测量者在测量时遗漏了待测变量、数据读记错等。凡包含粗大误差的测量值称为坏值，只要实验者加强工作责任心，过失误差是可以完全避免的。

发生过失误差的原因主要有两个方面：测量人员的主观原因，由于测量者责任心不强、工作过于疲劳、缺乏经验或操作不当，或在测量时不仔细、不耐心等因素，造成读错、听错、记错等；客观条件的原因，例如测量条件意外的改变，如外界振动等，引起仪器示值或被测对象位置改变，也会诱导造成此类误差。

过失误差是由于实验者主观失误造成的显著误差，查明过失误差的来源后应将其影响消除。因过失误差造成的异常数据可通过统计学方法鉴别。

（3）随机误差

随机误差，或称偶然误差，是由一些不易控制的偶然因素造成的误差，如观测对象的波动、肉眼观测欠准确等，又如测量仪器装置的零部件及电子元器件状态不稳定、机械部件的变形摩擦、测量环境条件的微小波动等。对系统误差进行修正后，仍存在观测值与真值之间的随机误差。在同一条件下，多次测量同一量值时，随机误差的绝对值和符号以不可预定的方式变化，在实验观测过程中是必然产生、无法消除的。

实验中的随机误差普遍存在，且不能预测和控制，但总体服从统计学规律。通过统计学的一些检验方法，例如 t 检验法和 F 检验法，可以比较数据之间的差异，由显著性检验判别数据是否存在明显系统误差或随机误差。

不包含系统误差和过失误差的测量数据，仍可能具有偶然（随机）误差特点：

① 绝对值相等的正误差和负误差出现概率相同；

② 绝对值很大的误差出现概率趋近于零，即误差值有实际极限；

③ 绝对值小的误差出现概率大，而绝对值大的误差出现概率相对较小；

④ 当测量次数 $n\to\infty$ 时，正负误差相互抵消引起误差的算术平均值趋近于零。也说明测定次数的无限多引起算术平均值更接近测定量真值。多次实验值的平均值的随机误差小于单个实验值的随机误差，故可以通过增加实验次数降低随机误差。

随机误差的分布规律服从正态分布，其误差函数 $f(x)$ 表达式为

$$y=f(x)=\frac{h}{\sqrt{\pi}}\mathrm{e}^{-h^2x^2} \tag{2.9}$$

或者

$$y=f(x)=\frac{1}{\sigma\sqrt{2\pi}}\mathrm{e}^{-\frac{x^2}{2\sigma^2}} \tag{2.10}$$

式中，$h=\dfrac{1}{\sigma\sqrt{2}}$，称为精密指数；$x$ 为测量值与真实值之差；σ 为均方误差，由式(2.7) 或式(2.8) 计算。

根据式(2.9) 和式(2.10) 所给出的曲线称为误差曲线或高斯正态分布曲线。此误差分布曲线完全反映了随机误差的特点。

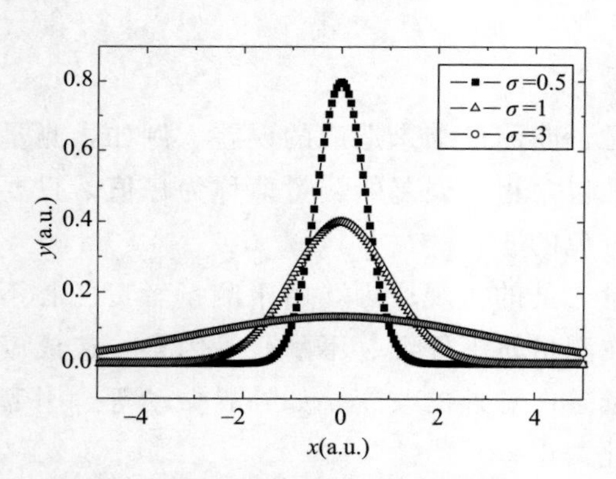

图 2.2　不同 σ 值时的误差分布曲线（高斯正态分布曲线）

图 2.2 对 3 种不同的 σ 值（σ 值为 0.5、1、3 单位）给出了随机误差的分布曲线。考虑 σ 值对分布曲线的影响，由式(2.10) 可见，数据的均方误差 σ 愈小，e 指数的绝对值就愈大，y 减小愈快，曲线下降也就更急，在 $x=0$ 处的 y 值也就愈大；反之，σ 愈大，曲线下降愈缓慢，在 $x=0$ 处的 y 值也就愈小。

从上面的讨论中可知，σ 值愈小，较小随机误差出现的次数就愈多，测定精度也就愈高。σ 值愈大，常出现较大随机误差，测定的精度也就愈差。因而实测数据的均方误差可完全表达单一被测变量多次测量下的结果分散性，也即反映测定结果的可靠程度。

由概率积分知，随机误差正态分布曲线下的全部面积相当于全部误差同时出现的概率，即

$$P=\frac{1}{\sqrt{2\pi}\sigma}\int_{-\infty}^{\infty}e^{-\frac{x^2}{2\sigma^2}}dx=1 \tag{2.11}$$

若随机误差 x 在 $-\sigma \sim +\sigma$ 范围内，概率为

$$P(|x|<\sigma)=\frac{1}{\sqrt{2\pi}\sigma}\int_{-\sigma}^{\sigma}e^{-\frac{x^2}{2\sigma^2}}dx=\frac{2}{\sqrt{2\pi}\sigma}\int_{0}^{\sigma}e^{-\frac{x^2}{2\sigma^2}}dx=1 \tag{2.12}$$

令 $t=\frac{x}{\sigma}$，或 $x=t\sigma$，误差 x 以标准误差的倍数表示，则

$$P(|x|<\sigma)=\frac{2}{\sqrt{2\pi}}\int_{0}^{t}e^{-\frac{t^2}{2}}dt=2\phi(t) \tag{2.13}$$

即误差在 $\pm t\sigma$ 范围内出现的概率为 $2\phi(t)$，超出这个范围的概率为 $1-2\phi(t)$。

概率函数 $\phi(t)$ 与 t 的对应值，在数学手册或专著中均附有此类积分表，几个典型的 t 值及其对应的超出或不超出 $|x|$ 的概率如表 2.1 所示。当 $t=3$、$|x|=3\sigma$ 时，在 370 次观测中只有 1 次绝对误差超出 3σ 范围。$|x|\geqslant 3\sigma$ 的误差已不属于偶然误差，这可能是由于过失误差或实验条件变化未被发觉引起的，这种数据点经分析和误差计算后应予以舍弃。

表 2.1　t 值及相应的概率

t	$\|x\|=t\sigma$	不超过 $\|x\|$ 的概率 $2\phi(t)$	超过 $\|x\|$ 的概率 $1-2\phi(t)$	测量次数 n	超过 $\|x\|$ 的测量次数
0.67	0.67σ	0.4972	0.5028	2	1
1	σ	0.6226	0.3174	3	1
2	2σ	0.9544	0.0456	22	1
3	3σ	0.9973	0.0027	370	1
4	4σ	0.9999	0.0001	15626	1

2.2.3.4　数据的精度和准确度

实验数据的误差可能来源于随机误差或系统误差，也可能是两者的叠加。为了说明这一问题，常使用精度（或精密度）和准确度表述误差性质。精密度反映随机误差大小的程度，是指在一定实验条件下多次实验的彼此符合程度，如果实验数据分散程度较小，说明是精密的。准确度反映系统误差和随机误差的综合，表示所测数值与真值的一致程度。

对实验结果进行误差分析时，一般只讨论系统误差和随机误差两大类，而在实验过程和分析中应随时剔除数据坏值。一个精密度很高、随机误差很小的测量数据可能是正确的，但当其系统误差很大且超出允许限度时，该数据也可能是错误的。误差大小可以反映实验结果的优劣，只有消除了系统误差、随机误差愈小的测量才可既正确又精密，此时称为精确测量，是实验中所要努力争取达到的目标。

在实际测量中，由于偶然误差的客观存在，所得的数据总存在一定的离散性。也可能由于粗大误差，出现个别离散较远的数据，通常称为坏值或可疑值。如果保留这些数

据，坏值对测量结果平均值的影响往往非常明显，故不能以其作为真值的估计值；但如果把属于偶然误差的个别数据认为坏值，也许暂时可以报告出一个精确度较高的结果，但这是虚伪、不科学的。

对于可疑数据的取舍应慎重，一般处理原则如下：在实验过程中若发现异常数据，应暂停实验、分析原因，及时纠正错误；分析实验结果发现异常数据时，应找出产生差异的原因，若不清楚产生异常值的原因，则应对数据进行统计处理，若数据较少则可重做一组数据。对于舍去的数据，在实验报告中应注明舍去的原因或所选用的统计方法。

对待可疑数据要慎重，不能任意抛弃或修改，应认真考查和分析可疑数据，即可发现引起系统误差的原因，进而改进实验方法，有时甚至可得到新实验方法的线索。

2.2.3.5 绝对误差与相对误差

在一定实验条件下测量值与物理量的客观真值之差称为绝对误差。绝对误差与物理量真值的百分比称为相对误差，便于比较不同测量结果的测量精度。

对于仪表测量，常用引用误差（相对示值误差）衡量仪器仪表指示值的相对误差。

仪表最大引用误差是在规定使用条件下，以某量程内示值与标准值之差，取其绝对值最大的误差值为分子、仪表的满刻度示值为分母所得的比值，即

$$\text{仪表最大引用误差}=\frac{\text{量程内示值最大误差绝对值}}{\text{满量程示值}}\times 100\% \tag{2.14}$$

在工业测量中，通常用准确度等级表示仪表的准确程度，准确度等级近似为仪表最大引用误差去掉正/负号及百分号。准确度等级又称为精度等级。仪表准确度常被称为仪表精度，我国过程检测控制用仪表传统上精度等级分为 0.005、0.02、0.05、0.1、0.2、0.35、0.4、0.5、1.0、1.5、2.5、4.0 等，科学实验用仪表精度等级在 0.05 级以上，工业检测用仪表精度等级多在 0.5～4.0 级。

对于已知精度等级为 p 的仪表，其最大引用相对误差为 $p\%$，若满量程值为 M、测量点示值为 m，则该测量值的相对误差 E_r 的计算式为

$$E_r=\frac{M\times p\%}{m} \tag{2.15}$$

可知，若量程不变，仪表的精度等级数值越大，说明其引用误差越大。此外，对于没有给出精度等级的量具（例如天平、直尺等），通常将其标尺最小分度值的一半作为单次测量的最大绝对误差值。

例 2-1 欲测量约 1.0kPa 的管道内压强，实验室现有精度 0.35 级、量程 0～200kPa 以及精度 0.5 级、量程 0～3kPa 的差压变送器各一只，均配有精度 0.35 级、四位数显的压力显示表，问选用哪种差压变送器测量较好？估算该仪表测量约 2.0kPa 时的最大相对误差。

解： 压力显示表显示数位及精度已满足两种差压变送器显示测量数值的需要，因此不需考虑其对测量精度的影响。

使用精度 0.35 级、量程 0～200kPa 的差压变送器测量 1.0kPa 压力时，仪表测量最

大相对误差为

$$E_r=\frac{M\times p\%}{m}=\frac{200\times 0.35\%}{1.0}=70\%$$

使用精度 0.5 级、量程 0～3kPa 的差压变送器测量 1.0kPa 压力时，仪表测量最大相对误差为

$$E'_r=\frac{M'\times p'\%}{m}=\frac{3\times 0.5\%}{1.0}=1.5\%$$

同理，可推算出使用上述量程 0～3kPa 压力表测量 2.0kPa 压力时，测量结果可能的最大相对误差仅为 0.75%。

由例 2-1 可见，对于同一个被测值，在精度等级相近时，选用较大量程的仪表测得数据可能含有引用误差最大值，导致测量结果的相对误差更大。因此在选用仪表时应兼顾量程上限与精度等级，在满足被测量数值范围的前提下尽可能选择量程小的仪表。通常应使测量值大于等于所选仪表满刻度的 2/3，这样既能满足测量相对误差 E_r 的要求，又可选择精度等级较低的测量仪表，降低仪表的使用成本。

根据实验允许的测量值最大相对误差 E_{ra} 以及待测值 m 范围，依照 $m/M=2/3$ 原则可确定仪表的量程 M 范围及最低精度等级 p_{max}，即

$$p_{max}\leqslant\frac{mE_{ra}\times 100}{M}=\frac{200}{3}E_{ra} \tag{2.16}$$

确定 M 和 p_{max} 范围后，从量程可用的仪表中选择 $p\leqslant p_{max}$ 的适宜仪表。

2.2.4 函数误差与误差传递

上述讨论主要是直接测量数据的误差问题，如温度、流量、压力等参数可直接从仪表读取。而化工实验数据的处理更多涉及间接测量物理量的误差估计。所谓间接测量的变量，就是本身不能直接被测量，但与其他直接可测的物理量之间存在着某种函数关系，通过直接测量的结果与特定函数关系间接计算出的被测量，如雷诺数（Re）需要从实验测量的长度、流速和黏度等数据间接计算得到。

由于直接可测的变量存在误差，经过一系列函数运算所得的间接测量变量值也含有一定的误差，称为函数误差。显然，在这两种变量之间存在误差传递，间接测量变量值的误差是各直接测量变量值误差的函数。

2.2.4.1 函数误差的一般形式

间接测量的变量一般为多元函数，而多元函数可用式(2.17) 表示：

$$y=f(x_1, x_2, x_3, \cdots, x_n) \tag{2.17}$$

式中，y 为间接测量值；x_i 为直接测量值。

由泰勒级数展开并略去二阶以上量，得到

$$\Delta y=\frac{\partial f}{\partial x_1}\Delta x_1+\frac{\partial f}{\partial x_2}\Delta x_2+\cdots+\frac{\partial f}{\partial x_n}\Delta x_n \tag{2.18}$$

或

$$\Delta y=\sum_{i=1}^{n}\left(\frac{\partial f}{\partial x_i}\Delta x_i\right) \tag{2.19}$$

它的极限误差为

$$\Delta y=\sum_{i=1}^{n}\left|\frac{\partial f}{\partial x_i}\Delta x_i\right| \tag{2.20}$$

式中，$\frac{\partial f}{\partial x_i}$ 为误差传递系数；Δx_i 为直接测量值的绝对误差；Δy 为间接测量值的极限误差（或称函数极限误差，又称最大绝对误差）。

最大绝对误差的计算实际上忽略了各个直接测量值的误差对 y 的绝对误差贡献存在部分互相抵消作用，而抵消作用会降低 y 的绝对误差值。

由误差的基本性质和标准误差的定义，通过几何合成法得函数 y 的标准绝对误差

$$\sigma=\left[\sum_{i=1}^{n}\left(\frac{\partial f}{\partial x_i}\right)^2\sigma_i^2\right]^{\frac{1}{2}} \tag{2.21}$$

式中，σ_i 为各直接测量值的标准误差。由此可得间接测量的标准相对误差

$$E_r(y)=\frac{\sigma}{|y|} \tag{2.22}$$

对于含有变量间乘除法关系的函数式，先计算相对误差再计算其标准绝对误差较为简便。对于主要变量间为加减法运算的函数式，简便计算的次序则相反，即应先计算出标准绝对误差。函数标准误差可以通过几何合成法得到，数值一般小于其对应的极限误差值。

由函数误差公式(2.21) 可知，若各测量值对函数的误差传递系数 $\partial f/\partial x_i$ 等于零或为最小，则函数误差可相对更小。间接测量中的部分误差项数越少，则函数误差也会越小。因此在间接测量中，如果可由不同的函数公式表示，应选取直接测量值数目最少的函数公式；若直接测量值数目相同，则应选择直接测量值误差最小的函数。通过分析间接测量和直接测量间的误差传递关系，可以在实验前预先判断出哪些直接测量的误差贡献最大，有助于优化间接测量目标的实验设计。

在实验研究过程中，对于间接变量的测定和误差分析通常会遇到两类问题：一是已知一组直接可测变量的误差，计算间接变量的误差；二是预先规定间接变量的误差，计算将要测取的各直接变量所允许的最大误差，从而为改进测定方式或选择适当的检测仪表提供依据。

2.2.4.2 某些函数误差的计算

(1) 设函数 $y=x\pm z$，变量 x、z 的标准误差分别为 σ_x、σ_z。

由于误差传递系数 $\frac{\partial y}{\partial x}=1$、$\frac{\partial y}{\partial z}=\pm 1$，则

函数极限误差
$$\Delta y=|\Delta x|+|\Delta z| \tag{2.23}$$

函数标准误差
$$\sigma_y=(\sigma_x^2+\sigma_z^2)^{\frac{1}{2}} \tag{2.24}$$

(2) 设函数 $y=k\frac{xz}{w}$，变量 x、z、w 的标准误差分别为 σ_x、σ_z、σ_w。

误差传递系数分别为

$$\frac{\partial y}{\partial x}=\frac{kz}{w}=\frac{y}{x} \tag{2.25}$$

$$\frac{\partial y}{\partial z}=\frac{kx}{w}=\frac{y}{z} \tag{2.26}$$

$$\frac{\partial y}{\partial w}=-\frac{kxz}{w^2}=-\frac{y}{w} \tag{2.27}$$

则函数极限误差为

$$\Delta y=|\Delta x|+|\Delta z|+|\Delta w| \tag{2.28}$$

函数标准误差为

$$\sigma_y=k\left[\left(\frac{z}{w}\right)^2\sigma_x^2+\left(\frac{x}{w}\right)^2\sigma_z^2+\left(\frac{xz}{w^2}\right)^2\sigma_w^2\right]^{\frac{1}{2}} \tag{2.29}$$

（3）设函数 $y=a+bx^n$，变量 x 的标准误差为σ_x，a、b、n 为常数。

误差传递系数为

$$\frac{\mathrm{d}y}{\mathrm{d}x}=nbx^{n-1} \tag{2.30}$$

则函数极限误差为

$$\Delta y=|nbx^{n-1}\Delta x| \tag{2.31}$$

函数标准误差为

$$\sigma_y=nbx^{n-1}\sigma_x \tag{2.32}$$

（4）设函数 $y=k+n\ln x$，变量 x 的标准误差为σ_x，k、n 为常数。

误差传递系数为

$$\frac{\partial y}{\partial x}=\frac{n}{x} \tag{2.33}$$

则函数极限误差为

$$\Delta y=\left|\frac{n}{x}\Delta x\right| \tag{2.34}$$

函数标准误差为

$$\sigma_y=\frac{n}{x}\sigma_x \tag{2.35}$$

2.2.4.3 算术平均值误差的计算

由算术平均值的定义知

$$M_{\mathrm{m}}=\frac{M_1+M_2+\cdots+M_n}{n} \tag{2.36}$$

误差传递系数为

$$\frac{\partial M_{\mathrm{m}}}{\partial M_i}=\frac{1}{n}(i=1,2,\cdots,n) \tag{2.37}$$

则算术平均值误差为

$$\Delta M_{\mathrm{m}}=\frac{\sum_{i=1}^{n}|\Delta M_i|}{n} \tag{2.38}$$

算术平均值标准误差为

$$\sigma_m=\left(\frac{1}{n^2}\sum_{i=1}^{n}n\sigma_i^2\right)^{\frac{1}{2}} \tag{2.39}$$

当 M_1、M_2、…、M_n 是同组等精度测量值时，它们的标准误差相同，并等于 σ，则

$$\sigma_{\mathrm{m}}=\frac{\sigma}{\sqrt{n}} \tag{2.40}$$

除了已知各变量的误差或标准误差，计算对应函数误差外，利用函数误差传递分析还有助于改进实验装置的设计和仪表选型。在实验装置设计时，由预先给定的函数误差(实验装置仪表允许的最大误差)求取各测量值(直接测量)所允许的最大误差，合理选择仪表的量程和精度。

但直接测量的变量经常多于一个，在数学上是不定解，为了获得唯一解，假定各变量的误差对函数的影响相同，这种设计原则称为等效应原则或等传递原则，即

$$\sigma_y=\sqrt{n}\ \frac{\partial f}{\partial x_i}\sigma_i \tag{2.41}$$

或

$$\sigma_i=\frac{\sigma_y}{\sqrt{n}\ \frac{\partial f}{\partial x_i}} \tag{2.42}$$

例 2-2 圆形直管内流体流动的摩擦系数 λ 可采用下式计算：

$$\lambda=\frac{2d}{\rho l}\times\frac{\Delta p_{\mathrm{f}}}{u^2}=\frac{2\pi^2 d^5}{16\rho l}\times\frac{\Delta p_{\mathrm{f}}}{q_{\mathrm{V}}^2} \tag{2.43}$$

式中，d 为管径，m；ρ 为流体密度，$\mathrm{kg/m^3}$；l 为管长，m；Δp_{f} 为直管阻力引起的压降，Pa；u 为流体流速，m/s；q_{V} 为流体体积流量，$\mathrm{m^3/s}$。

实验室现有内径 $d=0.016\mathrm{m}$、管长 $l=1.6\mathrm{m}$ 圆直管，精度 0.5 级、量程 0～3kPa 的差压式压力表，测量管内纯水流动的摩擦系数，水温 20℃，$Re=10000$。希望 λ 的标准相对误差小于 5%，问应该选用哪种精度等级的流量计用于测量？

解： 使用精度 0.5 级、量程 0～3kPa 的差压式压力表测量时，计算仪表最大相对误差为 0.5%，即

$$E_{\mathrm{r}}(p_{\mathrm{f}})=\frac{\Delta p_{\mathrm{f}}}{p_{\mathrm{f}}}=0.5\%$$

$Re=10000$ 时，根据 $Re=\frac{du\rho}{\eta}$，20℃纯水黏度约 1mPa·s，水密度近似取 $1000\mathrm{kg/m^3}$，可估算出水的流速为

$$u=Re\ \frac{\eta}{d\rho}=10000\times\frac{10^{-3}\mathrm{Pa\cdot s}}{0.016\mathrm{m}\times1000\mathrm{kg/m^3}}=0.625\mathrm{m/s}$$

体积流量为

$$q_V = u\frac{\pi d^2}{4} = 0.625\text{m/s} \times \frac{3.14159 \times (0.016\text{m})^2}{4} = 1.257 \times 10^{-4}\text{m}^3/\text{s}$$

亦即 $q_V = 452.38\text{L/h}$。

若实验用精度 2.5 级、量程 100～1000L/h 的流量计，测量该流量时的最大相对误差为

$$E_r(q_V) = \frac{\Delta q_V}{q_V} = \frac{2.5\% \times (1000\text{L/h} - 100\text{L/h})}{452.38\text{L/h}} = 4.974\%$$

根据函数误差传递原理，若只考虑压差及流量仪表测量值对摩擦系数测定的影响，利用式(2.19) 对上述摩擦系数 λ 公式变换整理，根据式(2.21) 及 (2.22) 可得 λ 的标准相对误差估算式：

$$E_r(\lambda) = \sqrt{[2E_r(q_V)]^2 + [E_r(p_f)]^2} = \sqrt{(2 \times 4.974/100)^2 + (0.5/100)^2} = 9.96\%$$

显然不符合测量要求。

如果仍然希望用量程 100～1000L/h 的流量计测量流量，应该选用哪种精度等级的流量计呢？

设流量计精度等级为 p。由 λ 标准相对误差计算式 $E_r(\lambda)$ 及 $E_r(p_f)$ 值可知，为使 $E_r(\lambda) < 5\%$，则应使 $E_r(q_V) < 2.4875\%$。

则满足测量要求的绝对误差

$$\Delta q_V = q_V E_r(q_V) = 452.38\text{L/h} \times 2.4875\% = 11.253\text{L/h}$$

代入仪表精度等级的定义式(2.16)，可得

$$p_{max} = 11.253\text{L/h} \div (1000\text{L/h} - 100\text{L/h}) \times 100 = 1.2503$$

故应该选用精度 1.0、量程 100～1000L/h 的流量计。

2.3 实验数据处理与分析方法

实验数据处理是整个实验研究过程中的重要环节之一，需要对原始实验数据进行计算处理，得出各变量之间的定量或定性关系，绘制实验数据图表。选择合理的实验数据处理与分析方法，才能充分有效地利用实验数据信息。

2.3.1 数据处理基本方法

数据处理通常要求将实验原始数据经过整理、计算，加工成表格或图的形式。化工原理实验中用到的数据处理方法包括列表法、图示法和数学模型法等。

2.3.1.1 列表法

列表法是通过表格形式直接反映实验数据各变量之间的对应关系，是其他数据处理

方法的基础。通常，表格的设计布局要易于显示数据的变化规律及各参数的相关性，也要便于运算。对于在同一条件下进行的多次实验，表格法不仅可以充分记录各次实验的原始数据，而且可以方便地计算和表示它们的代表值。

在制订表格和记录实验数据时，应注意以下要点：

① 表格的标题要简明，能恰当概括说明实验内容。数据书写要清楚整齐，不得潦草。

② 在表格的表头中要统一列出变量名称和计量单位。计量单位不宜混在数字之中，以免分辨不清。

③ 记录数字要注意有效数字位数，应与测量仪表的精度相适应。

④ 数字较大或较小时要用科学计数法表示，其中表示数量级的阶数部分应记在表头中。

实验报告一般需有 4 种表格：原始数据记录表、中间运算表、综合结果表和结果误差分析表。原始数据记录表须在实验开始前设计好。中间运算表用于记录数据处理过程的中间结果，表格后应附有计算示例，以说明表中各项数据之间的关系，清楚地表达中间计算步骤和结果，便于检查。

2.3.1.2 图示法

图示法又称图解法，是指通过作图整理实验数据，可用某些典型函数描述，进而得出图形函数中的各种常量参数。

将自变量和因变量的数据点描绘在一定的坐标系中，所形成的图形称为散点图。如果因变量仅是自变量的函数，连接大多数实验点应可得到一条光滑曲线，从曲线上不仅可以直观地观察到极值、转折点、周期性、变化率等有关变量的变化特征，还可以在一定条件下采用内插和外推的方法求出一般实验条件下难以求得的参数，或者借助曲线进行图解积分和微分。

实验数据所用绘图坐标系包括直角坐标、对数坐标和半对数坐标等，可根据预测函数的形式，以方便获取所求参数为选择依据。通常，线性规律函数采用直角坐标，幂函数采用对数坐标，指数函数采用半对数坐标。

就坐标轴的设置而言，为了尽量利用图面，分度值不必自零点开始，可以用变量的最小值附近以下的某数值作为坐标起点，而高于最大值的某数值作为坐标终点。坐标的分度不应过细或过粗，应与实验数据的精度相匹配，一般最小分度值为实验数据有效数字的倒数第二位，即有效数字最末位在坐标上刚好是估计值。坐标轴外侧应将主坐标分度值标出，另外必须注明每个坐标轴表达的变量名称及单位。若在同一图上表示不同组的数据，应以不同类型符号（如×、△、□、○等）区别。

绘制曲线时应遵循必要的原则：曲线经过之处应尽量与所有点相接近，无须通过图上所有点以及两端任一点，曲线一般不应具有含糊不清的不连续点或其他奇异点。此外，数据点对应的误差范围应以误差棒形式标记在数据点的位置，描述样本数据的分布以及离散趋势，误差棒长度可以是标准差或极差。

2.3.1.3 数学模型法

数学模型法又称为公式法或函数法，即用一个或一组函数方程式描述过程变量之间的关系。

在化学化工实验中，为了更好地描述过程或现象的自变量和因变量之间的关系，常采用建立数学模型的方法处理实验数据，即将实验数据按一定的函数形式整理为数学方程式，利用数学方程式进行微分、积分等数学运算和计算机求解，并且在一定的范围内可以较好地预测实验结果，因此，这种实验数据处理方法被广泛采用。

对于化工过程，建立数学模型的一般步骤包括：观测研究，概括过程本质及其影响因素；适当简化过程特征，建立物理模型，进一步建立描述物理过程的数学模型（方程）；参数估值，检验、修正数学模型。

数学模型方程的选择取决于研究者的理论知识基础与经验。由于化学化工是以实验为主的科学，很难用数学物理的方法直接推导出数学模型，因此可以采用纯经验方法、半经验方法和实验曲线图解法得到经验公式。纯经验方法是根据研究人员长期的经验积累，由具体现象确定合适的经验公式，再对实验数据进行统计拟合而得，在化工研究过程广泛应用，例如物质的等压比热容和温度的关系式。化工原理实验常用的量纲分析法是典型的半经验方法，有时即使导出了微分方程，但难以确定其解析解时，也可以采用这种方法得出特征数方程，例如描述热量传递过程的特征数方程。理论模型又称机理模型，是根据化工过程的基本物理原理推演而得。化工过程中所有不确定因素的影响可归并于模型参数中，通过必要的实验和有限的数据对模型参数加以评价。

无论是经验模型还是理论模型，都会包含一个或几个待定系数，即模型参数。采用适当的数学方法对模型函数方程中的参数估值，并确定所估参数的可靠程度，是数据处理中的重要内容。模型参数估值在数学上是一类优化问题，常用方法有三种：用观测数据计算已知模型函数中的参数，称为模型参数估计；通过观测到的数据绘制曲线并进行曲线方程数据处理，称为曲线拟合；由观测数据给出模型方程参数的最小二乘估计值并进行统计检验，称为回归分析。有关模型参数估值和检验具体数学方法的专著很多，读者可查阅相关资料了解学习。

2.3.2 常用的实验数据分析方法

常用的实验数据分析方法可分为两大类：直观分析和统计学分析。

2.3.2.1 直观分析

直观分析是通过对实验结果的简单计算，直接分析比较确定最佳效果。

直观分析主要可以解决以下两个问题：

① 确定因素最佳水平组合。该问题归结为找到各因素分别取何水平时所得到的实验结果会最佳。可以通过计算每个因素每个水平的实验指标值的总和与平均值比较确定最佳水平。

② 确定影响实验指标的因素的主次地位。可认为将所有影响因素按其对实验指标的影响排序，解决这一问题采用极差法。极差即为某因素在不同水平下的指标平均值的最大值与最小值之间的差值，反映实验中各个因素对实验指标的影响。极差大表明该因素对实验结果影响大，是主要因素；反之，极差小则表明该因素对实验结果影响小，是次要因素或不重要因素。值得注意的是，直观分析不能给出实验误差大小的估计。根据直观分析得到的主要因素不一定是影响显著的因素，次要因素也不一定是影响不显著的因素，因素影响显著性应以统计学方差分析确定。

2.3.2.2 统计学分析

实验数据的分析通常建立在数理统计的基础上，对研究对象的客观规律进行合理的估计和判断，包括通过随机变量的观察值（实验数据）推断随机变量的特征，例如分布规律和数值特征。

常用的统计学方法有回归分析法和方差分析等。

回归分析用于寻找实验因素与实验指标之间是否存在函数关系，从大量实验数据中寻找隐藏其中的统计性规律。从表面上看，有的自变量与因变量之间并不存在确定的函数关系，但是从大量统计数据看，它们又可能存在某种规律，这种情况称为存在相关关系。从相关变量中找出合适的数学方程式的过程称为回归，也称为“拟合”，得到的数学方程式称为回归式或回归模型。

为确定哪些实验因素对结果影响最大，方差分析能够把实验数据的波动分解为因素波动和误差波动，并对它们的平均波动进行比较，亦即把实验数据的总偏差平方和分解为反映必然性的各个因素的偏差平方和与反映偶然性的误差平方和，并比较它们的平均偏差平方和，以找出对实验数据起决定性影响的因素，作为定量分析判断的依据。方差分析方法是一种定量分析方法，其优势是能够充分地利用实验所得数据估计实验误差，可以将各因素对实验指标的影响从实验误差中分离出来，还可用于检验回归方程与原数据间的相关性，读者可参阅相关资料了解。

2.3.3 数据回归分析方法

下面简介几种常用的数据回归分析类型。

2.3.3.1 一元线性回归

n 个数据点（x_1，y_1），（x_2，y_2），…，（x_n，y_n）的散点图，如果散点的排布接近直线规律，数据 x 与 y 之间大致呈现线性关系，那么可以建立因变量 y 与自变量 x 之间的一元线性回归方程：

$$\hat{y}=a+bx \tag{2.44}$$

式中，$\hat{y}$ 表示由回归式计算出的值；a 和 b 为回归系数。

(1) 最小二乘法求解回归系数

式(2.44) 可以计算出任一 x_i 对应的回归值 $\hat{y}_i$。

回归值 $\hat{y}_i$ 与实测值之差的绝对值为

$$D_i = |y_i - \hat{y}_i| = |y_i - (a + bx_i)| \tag{2.45}$$

式中，D_i 表示实测值 y_i 与回归直线的偏离程度。

设

$$Q = \sum_{i=1}^{n} D_i^2 = \sum_{i=1}^{n} [y_i - (a + bx_i)]^2 \tag{2.46}$$

欲使回归直线成为最能接近实验点的直线，必须使函数 Q 值最小。式中 x_i 和 y_i 是已知值，故 Q 为回归系数 a 和 b 的函数。

根据数学上的极值原理，函数 Q 有最小值时，应有以下关系：

$$\frac{\partial Q}{\partial a} = -2\sum_{i=1}^{n}(y_i - a - bx_i) = 0 \tag{2.47}$$

$$\frac{\partial Q}{\partial b} = -2\sum_{i=1}^{n}(y_i - a - bx_i)x_i = 0 \tag{2.48}$$

又 $\overline{x} = \frac{1}{n}\sum_{i=1}^{n} x_i$，$\overline{y} = \frac{1}{n}\sum_{i=1}^{n} y_i$，$\sum_{i=1}^{n} a = na$

以下省略求和符号∑的上、下限，式(2.47) 和式(2.48) 可变换为

$$\sum y_i - \sum a - b\sum x_i = 0 \tag{2.49}$$

$$\sum y_i x_i - \sum a x_i - b\sum x_i^2 = 0 \tag{2.50}$$

则

$$a = \overline{y} - b\overline{x} \tag{2.51}$$

$$b = \frac{\sum x_i y_i - n\overline{x}\,\overline{y}}{\sum x_i^2 - n\overline{x}^2} \tag{2.52}$$

从而计算出回归系数 b 和 a，建立回归方程。

为了计算方便，使用下列符号：

$$L_{xy} = \sum x_i y_i - n\overline{x}\,\overline{y} = \sum x_i y_i - \frac{1}{n}\sum x_i \sum y_i \tag{2.53}$$

$$L_{xx} = \sum x_i^2 - n\overline{x}^2 = \sum x_i^2 - \frac{1}{n}\left(\sum x_i\right)^2 \tag{2.54}$$

$$L_{yy} = \sum y_i^2 - n\overline{y}^2 = \sum y_i^2 - \frac{1}{n}\left(\sum y_i\right)^2 \tag{2.55}$$

则

$$b = \frac{L_{xy}}{L_{xx}} \tag{2.56}$$

(2) *回归的检验方法*

为了检验所建立回归方程的精度效果，可用相关系数法或方差分析中的 F 检验法。相关系数 r 是表明两个变量之间线性关系密切程度的一个数量性指标，其定义式为

$$r = \frac{L_{xy}}{\sqrt{L_{xx}L_{yy}}} \tag{2.57}$$

当 $|r| = 1$ 时，x 与 y 为完全线性相关；当 $r = 0$ 时，x 与 y 线性无关或非线性关

系；而 $|r|$ 愈接近 1，x 与 y 的线性关系愈密切。

计算 r 值后，需以实验数据点的个数（例如点数取 6）与指定的置信度（例如指定置信度为 0.99）作为约束条件进行检验，查“检验相关系数的临界值表”（附录 2，见二维码链接）得到该约束条件下允许的最小 r 值（相应为 0.83434）。上式求得的 r 值应大于该最小值，才能相对准确地判定回归方程所描述实验数据变量间的线性关系合理。

方差分析中的 F 检验法与相关系数的显著性检验等价，读者可参阅有关专著。

2.3.3.2 多元线性回归

在实际问题中，自变量往往不止一个，而因变量只有一个。这类问题就是多元回归问题，其中最简单的是多元线性回归。

如果因变量 y 和 m 个自变量 x_1，x_2，…，x_m 之间存在线性相关关系，则可建立多元一次回归方程式，同样采用最小二乘法处理，经过变换以及线性方程组求解可得到线性回归系数，从而得到回归方程式。

2.3.3.3 非线性回归

在化工研究中，许多实验数据的自变量和因变量之间存在着复杂的非线性关系，需要进行非线性回归，得到非线性回归方程式。

非线性函数分为两类：一类可以转化为线性函数，另一类不能转化为线性函数。非线性函数转化为线性函数后，就可以按线性回归的方法进行拟合。

常见的能够转化为线性方程的函数如下。

(1) 双曲线

$$y=a+\frac{b}{x} \tag{2.58}$$

令 $Y=y$、$X=\frac{1}{x}$，则上式变为

$$Y=a+bX \tag{2.59}$$

(2) 幂函数

$$y=cx^b \tag{2.60}$$

两边取对数，并令 $Y=\lg y$、$X=\lg x$、$c'=\lg c$，则上式变为

$$Y=c'+bX \tag{2.61}$$

(3) 指数函数

$$y=c\mathrm{e}^{bx} \tag{2.62}$$

两边取自然对数，得

$$\ln y=\ln c+bx \tag{2.63}$$

令 $Y=\ln y$、$c'=\ln c$，则上式变为

$$Y=c'+bx \tag{2.64}$$

线性化方法对于化工原理实验的数据处理非常有用，采用上述方法进行方程的线性化变换，由线性化方程的直线斜率和截距可以分别求出待定的指数和指前因子值，从而获得明确的关联式。例如在过滤实验中，在求得各压差下的过滤常数后，可借助幂函数取对数的线性化方法进一步处理数据，可以求取滤饼压缩指数和滤饼常数；在传热实验中，通过强制对流传热特征数关联式进行数据分析时，也可采用同样的线性化方法处理实验数据，确定具体的函数关系。

（4）n 次多项式

$$y=b_0+b_1x+b_2x^2+\cdots+b_nx^n \tag{2.65}$$

令 $X_1=x$，$X_2=x^2$，…，$X_n=x^n$，则上式变为

$$y=b_0+b_1X_1+b_2X_2+\cdots+b_nX_n \tag{2.66}$$

（5）多元二次型函数

以二元二次函数为例，函数如下：

$$y=b_0+b_1x_1+b_2x_2+b_3{x_1}^2+b_4{x_2}^2+b_5x_1x_2 \tag{2.67}$$

令 $X_1=x_1$、$X_2=x_2$、$X_3={x_1}^2$、$X_4={x_2}^2$、$X_5=x_1x_2$，则上式变为

$$y=b_0+b_1X_1+b_2X_2+b_3X_3+b_4X_4+b_5X_5 \tag{2.68}$$

2.3.3.4 逐步回归法

逐步回归法的基本思想，是通过剔除变量中不太重要又和其他变量高度相关的变量，降低多重共线性程度。将变量逐一引入模型，每引入一个新变量后都要进行统计学的 F 检验，并对已经选入的变量依次进行 t 检验。当前一引入变量由于后引入的新变量而变得不再显著时，应予以删除，以确保新变量的引入，回归方程中只包含显著性变量。这是一个反复的过程，直至回归方程既无显著新变量引入也无不显著变量的剔除，以保证最后所得到的变量集是最优的。

由于逐步回归数据处理工作繁杂，通常可借助计算机软件（如 SPSS 等）的逐步回归功能进行处理。有关逐步回归法的数学原理、操作步骤及软件应用可参阅有关文献。

2.3.4 插值法

插值法，又称内插或插入法，是一种通过已知、离散的数据点在范围内推求新数据点的过程或方法。在已知函数的离散点数据表中，可根据函数随自变量的变化规律插入一些表中没有列出但是需要的中间值，用于实验计算。例如液体、气体的密度等数值随温度及压力变化，在化工原理实验数据处理中常用插值法查表估算特定温度或压力等条件下物质的各种物性参数值。

若物性参数作为条件自变量 x 的函数 $f(x)$，则可以构建一个适当的特定近似函数 $p(x)$，使得 $p(x)$ 在 x 离散值对应的函数值等于或逼近 $f(x)$ 的已知值，然后通过 $p(x)$ 求得具体实验条件下参数 x 对应的近似物性参数值。通常把近似函数 $p(x)$ 取为多项式，最简单的是取 $p(x)$ 为一次函数式，即使用线性插值法。在表格内插时，常使用差分法或待定系数法获得 $p(x)$ 的表达式。如果只需求出某一特定条件所对应的物性参数

值，通常可利用计算机软件辅助解决。

2.3.5 计算机辅助实验数据处理

随着计算机技术的飞速发展，各种计算机软件，如 AutoCAD、Origin、Matlab 和 Aspen Plus 等，具有强大的图文处理和模拟计算等功能，在流程设计、批量计算和重复处理数据方面有效提升工作效率，减少人为误差发生率。

表 2.2 归纳了化工原理实验图表绘制、流程仿真模拟及数据处理等环节涉及的部分软件功能，读者可参阅软件说明文件及相关文献学习具体使用方法。通过运用这些软件可节约数据处理时间，锻炼使用先进计算工具的能力，提高工程研究技能和科学研究素养。

表 2.2 化工原理实验常用软件及其功能简介

软件名称	开发公司	主要用途
AutoCAD	Autodesk	计算机辅助设计绘制各种化工图样、建筑、工程对象的二维和三维几何图
Aspen Plus	AspenTech	具备较完善的化工数据库和物性模型参数，用于化工单元和全流程模拟运算
Matlab	MathWorks	可编程和数据批处理，矩阵运算，模拟仿真，数据绘图，工程计算和控制设计，信号检测等
Excel	Microsoft	绘制数据表格和曲线，数据线性及非线性拟合，数据批处理，可编程，单变量求解和规划求解等
WPS 表格	金山办公	绘制曲线图形，数据表格排版，公式编辑和批处理计算，数据线性回归等
Origin	OriginLab	绘制二维及三维坐标图形，实验数据线性回归及非线性拟合，统计计算，插值，批处理功能，连接到其他应用程序如 Matlab、Labview 或微软 Excel，或者使用脚本和 C 语言、嵌入式 Python 或 R 控制台创建自定义程序等
SPSS	IBM	数据录入和整理，数据管理、统计分析、图表分析、输出管理等

2.3.6 实验结果评价

对实验结果的分析讨论是化工原理实验报告的重要内容之一，包括对实验结果进行具体、定量的分析和解释，对实验过程中存在的问题进行客观、全面、透彻的分析和评价。

具体可包括：

① 分析讨论实验中发现的异常现象，据此提出与实验内容相关的问题及解决建议。

② 讨论数据误差的大小和产生原因，推断原始数据误差对于实验结论可靠性的影响。

③ 将实验结果与文献中类似研究结果对比，说明结果差异，并解释异同原因。

④ 提高实验结果质量的可能途径，如指出实验技术方面存在的不足、实验方法的改进措施、最佳研究方案的确定等。

⑤ 实验结果的科学意义和展望。

第3章 实验测量仪表和方法

在一定工艺条件下进行的化工生产，以保证生产过程稳定、安全、持续为目标，需要准确测量工艺中涉及的流体流量、系统压力和温度以及装置液位等工艺参数。

本章主要介绍与化工原理实验相关的物理量测量原理和方法。

3.1 流量测量

流量是描述流体流动的基本物理量之一，流体流量的准确测量与控制决定了流体的有效输送，进一步影响化工生产和实验研究。

流量通常有两种表示方法，即体积流量和质量流量。

(1) 体积流量

单位时间内流经任意流通截面的流体的体积称为体积流量，通常用 q_V 表示，单位为 m^3/s 或 m^3/h。

(2) 质量流量

单位时间内流经任意流通截面的流体的质量称为质量流量，通常用 q_m 表示，单位为 kg/s 或 kg/h。

体积流量与质量流量的关系见式(3.1)：

$$q_m = q_V \rho \tag{3.1}$$

式中，ρ 是流体的密度，kg/m^3。

工程中常采用平均流速进行流体流动特性的标定，平均流速即流体的体积流量与管道的截面积之比，通常用 u 表示。

平均流速与流量的关系见式(3.2)：

$$u = \frac{q_V}{S} \tag{3.2}$$

式中，S 是管道的截面积，m^2。

常用的流量测量仪表有节流式流量计、转子流量计、湿式气体流量计等。

3.1.1 节流式流量计

常用的节流式流量计包括孔板流量计和文丘里流量计。

(1) 孔板流量计

孔板流量计一般包括节流元件、差压变送器和流量显示仪，利用流体流经节流元件前后产生的压差，根据能量转化原理计算流体流量。

如图 3.1 所示，在管内垂直于流体流动的方向上将一个中央开圆孔的金属板（节流元件）垂直安装于管道中，孔口中心与管中心应位于同一中轴线上，孔板前后的测压点与外置的差压变送器及流量显示仪相连，即构成孔板流量计。当流体流经孔口时，流通截面积减小，流速增加，静压能转化为动能，使压力降低，根据流经孔板前后的流体压差变化可计算流体流量。

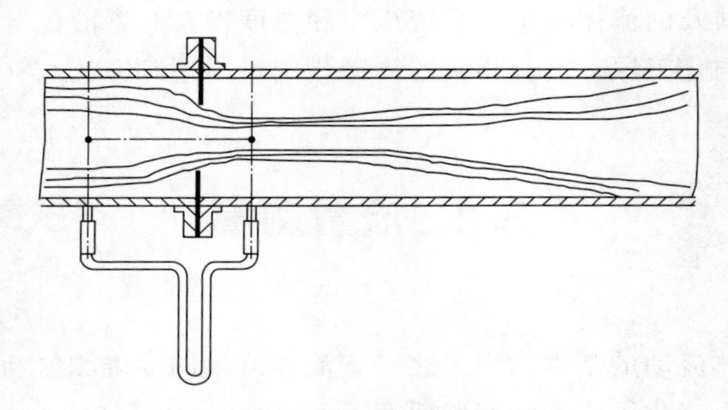

图 3.1 孔板流量计的缩脉取压

(2) 文丘里流量计

文丘里流量计也称为文氏管流量计，测量原理与孔板流量计相同，但结构有所改进，如图 3.2 所示。孔板节流引起能量损失较大，而文丘里流量计以一段渐缩渐扩短管代替孔板作为节流元件，流量计的收缩角一般为 15°～25°，扩大角一般为 5°～7°，直径最小的位置称为喉管。流体流经渐缩渐扩短管时速度平缓，避免了突然扩大和突然缩小导致的涡流，因此阻力损失降低。

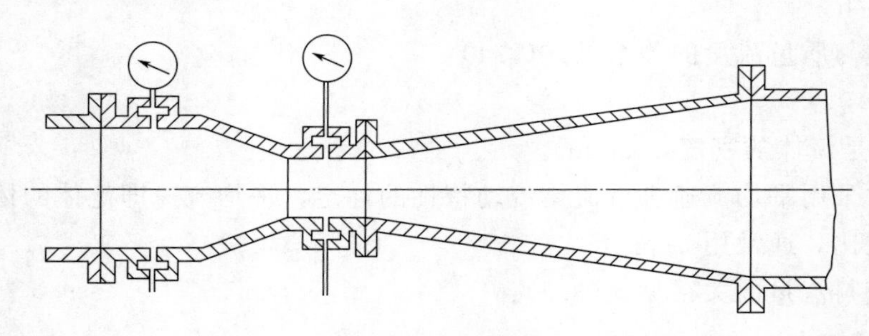

图 3.2 文丘里流量计

文丘里流量计的准确度等级比孔板流量计高，表面经特殊处理后更耐磨、寿命更长，永久压力损失也较小。但加工复杂，设备成本和安装成本较孔板流量计高。

3.1.2 转子流量计

转子流量计主要由倒锥形管和内置转子两部分组成，如图 3.3 所示。当流体自下而上流经倒锥形管与转子之间的环隙时，流通截面积减小，流速增加，压力降低。在浮力和重力的共同作用下，转子稳定于锥形管内的某一刻度，从而指示出流体流量。转子一般用金属或塑料制成，密度应比被测流体略大，保证可以在管内沿管中心线上下浮动。锥形管一般由塑料、玻璃或金属材质制成，透过锥形管流量刻度可确认管内转子的稳定位置，从而读出流量示数。

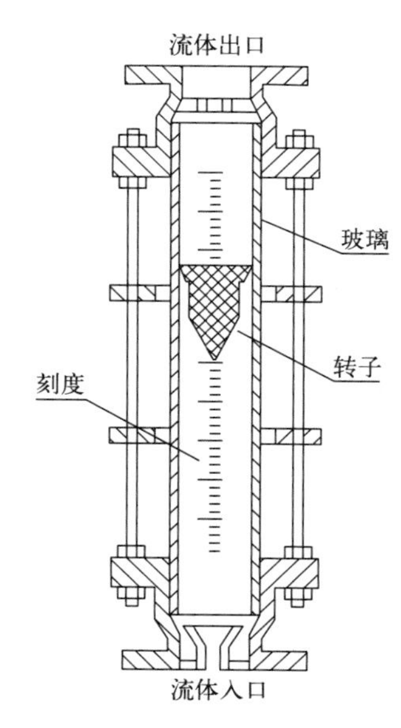

图 3.3 转子流量计

为了保证测量准确性，转子流量计需满足相关安装要求，主要包括：①垂直安装，流体自下而上流动，转筒前后具有 5 倍直径及 250mm 长度的直管段，保持流体流动的稳定性，保证测量准确性；②若流体中含有杂质，应在阀门和直管段之间加装过滤器，并定期清洗；③透明塑料或玻璃管，读数清晰直观，质轻，耐腐蚀。

若管路系统为高温高压或有毒环境，可选用远程控制类金属管转子流量计。

3.1.3 湿式气体流量计

如图 3.4 所示，湿式气体流量计内部为分成 A、B、C、D 4 个计量室，内侧壁开口 a、b、c、d 为计量室进气口，外侧壁开口 a′、b′、c′、d′为计量室出气口，四室的转子，外部由一金属圆筒外壳包覆，正面设有数字刻度盘和指针，用于记录气体的流量，

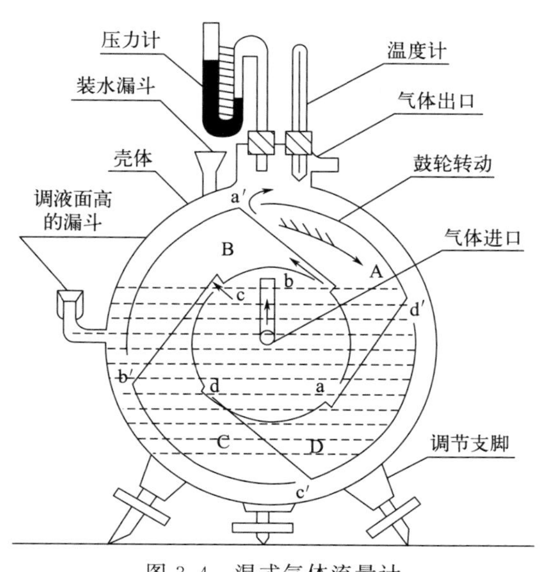

图 3.4 湿式气体流量计

顶部设有装水漏斗、压力计和出气管。当气体进入流量计后，待测气体带动转子旋转，转子每转动一周，四室均完成一次进气和出气，从而达到计量气体流量的目的。

3.2 压力测量

压力是化工测量中最重要的参数之一，压力变化可能会影响反应平衡及分离能力，通过压力测量也可以间接获得流量、液位等参数，所以准确地测量压力是化工生产不可或缺的基本保障。

压强是指垂直而均匀地作用于单位面积上的力，通常用 p 表示，习惯上也称为压力（如不特别指明，本书后面所提压力均指压强）。

工程上，按照测量基准不同，被测压力分为绝对压力、表压和真空度，三者间的关系如图 3.5 所示。绝对压力以绝对零压为基准，表压和真空度以当地大气压为基准。被测压力高于当地大气压时称为表压，低于当地大气压时称为真空度。由于压力测试仪表处于大气压下，一般压力仪表测得的压力为表压或真空度。

压力测量仪表通常包括弹性式压力计、液柱式压差计、压力传感器等。

3.2.1 弹性式压力计

弹性式压力计具有结构简单、测量范围大、读数简单等优点。弹性式压力计的基本传感器件是弹性元件，可将压力信号转变为形变或位移信号，从而指示压力。弹性元件一般由金属材料制成，常见的类型包括弹簧管式、波纹管式、膜片式等，测量范围可以从几百帕到几千兆帕。

弹簧管式压力表是工业上常用的压力表之一。单圈弹簧管式压力表的结构如图 3.6 所示，待测压力从固定端进入，使弹簧管产生形变而向上移动，带动连杆使齿轮和指针

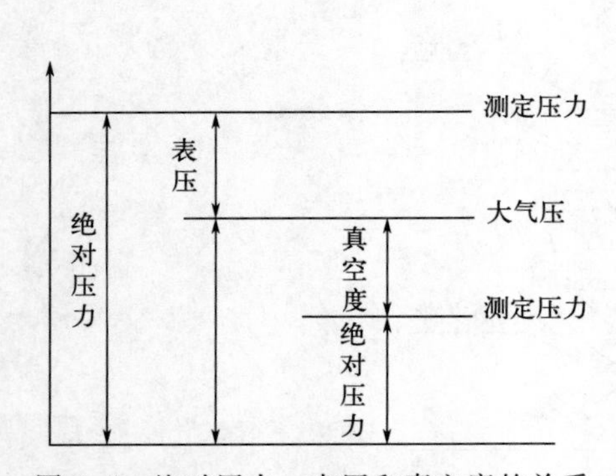

图 3.5 绝对压力、表压和真空度的关系

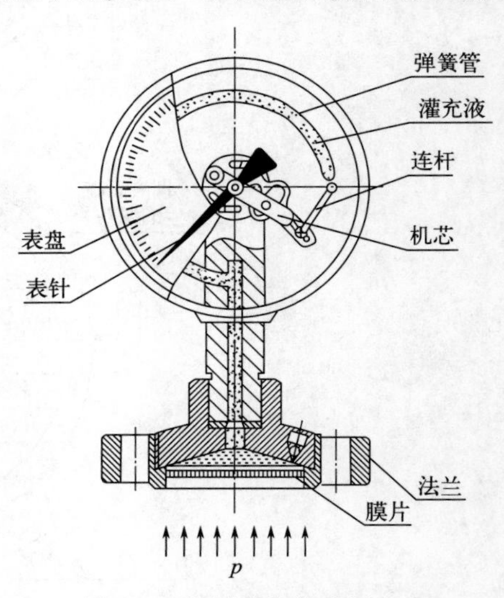

图 3.6 单圈弹簧管式压力表

逆时针偏转，而指向显示面板相应位置。弹簧管位移与待测压力之间具有线性关系。为了增大弹簧管受压变形的位移量，可采用多圈弹簧管。弹簧管可与其他转换元件结合使用，把压力信号转换成电信号。

3.2.2 液柱式压差计

液柱式压差计以流体静力学原理为基础，利用被测介质压力与液柱产生的压力相同，根据液柱高度差计算待测压力。液柱式压差计具有结构简单、成本低、使用方便等优点，在工业生产或者实验室中一般用来测量小于 1000mmHg 的压力或压差。

液柱式压差计按结构不同分为 U 形管压差计、倒 U 形管压差计、单管压差计和倾斜液柱压差计等，如图 3.7 所示。压差计指示液的种类很多，如水、汞、四氯化碳等。为方便读数，指示液与被测介质之间必须有清晰稳定的界面。液体表面张力会使管内指示液面呈弧状。当压差计玻璃管与液柱浸润形成凹液面时，应读凹液面最低点；当压差计玻璃管与液柱非浸润形成凸液面时，应读凸液面最高点。

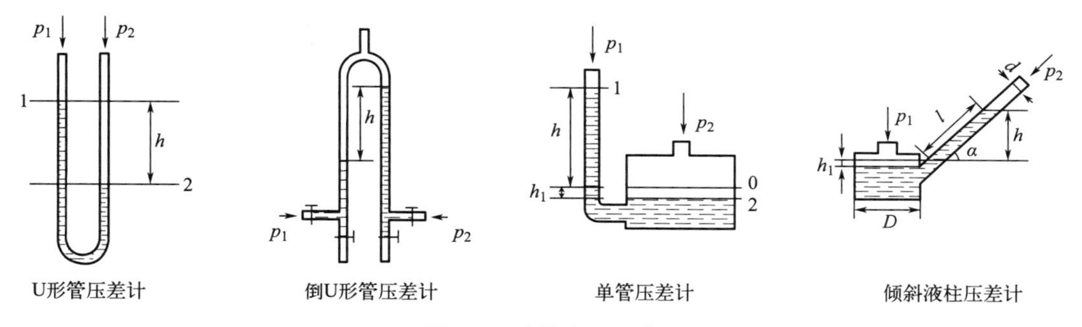

图 3.7 液柱式压差计

使用液柱式压差计应注意以下几点：①选取密度合适的液体，防止待测压力超过仪表测量范围；②指示液不能与待测介质反应或互溶，应保证清晰稳定的界面，读数时视线应与界面相平；③安装环境的温度不应过高或过低；④U 型管压差计和单管压差计应垂直安装，倾斜液柱压差计应水平放置，测量前先校正零点，保证两液柱液面相平。

3.2.3 传感式压力计

压力传感器通常由压力敏感元件和信号处理装置组成。在压力作用下，传感器压敏元件的特性发生改变，并能按照规律将压力信号转换成电信号，输送至信号处理装置。与前两种压力测量仪表相比，压力传感器具有可远距离信号输送与控制、恶劣环境适应性强等优点，因而广泛应用于化工、航天、制造、水利等多个行业。

3.2.3.1 电阻式压力计

电阻式压力计常见的有应变式压力计和压阻式压力计，主体结构包括传感元件、弹性元件和传感器。传感元件分别对应为金属应变片和半导体硅杯，其工作原理皆为应变效应，即在压力作用下粘贴在弹性元件上的金属或半导体材料产生细微形变，使电阻值发生变化，改变的电阻值经传感器变为电信号，实现远程输送，最终以压力值呈现。

应变式压力计的结构如图 3.8 所示，所用金属应变片包括丝式、箔式等形式。应变式压力计的优点是精度高、测量范围广，应变片质轻、尺寸小，便于运输，价格便宜，种类多，工艺较成熟。应变式压力计的缺点是输出信号弱，抗干扰能力差。

压阻式压力计的结构如图 3.9 所示，主要包括半导体类的应变-电阻转换元件（压阻元件）和压力传感器，如常见的硅杯膜片状压阻元件。压阻式压力计精度高、测量范围宽，灵敏度系数比金属应变高 50～100 倍，测量范围可达 10Pa～60MPa，因而广泛应用于化工、电站等领域。

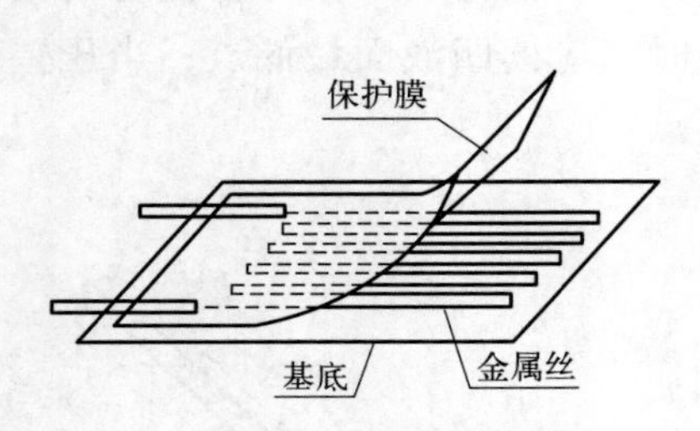

图 3.8　应变式压力计结构示意图

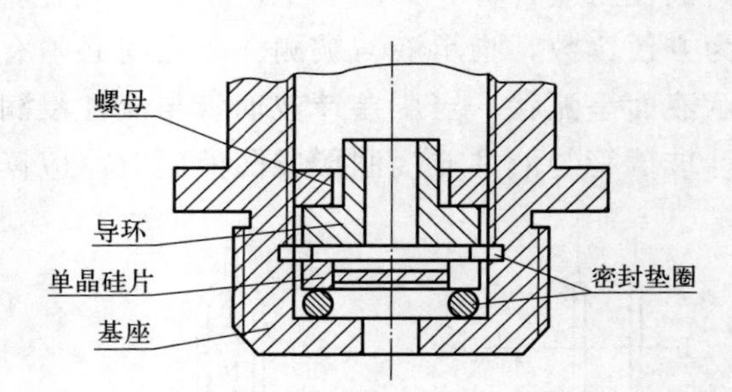

图 3.9　压阻式压力计结构示意图

3.2.3.2　电容式压力计

电容式压力计是将弹性元件受压力产生的形变转换为电容量变化，用于压力显示。如图 3.10 所示，电容一般由两个圆形电极板即固定电极和灵敏电极组成，两电极之间通过刚性绝缘材料隔绝密封。当电极两侧存在压差时，灵敏电极与固定电极距离发生变化，引起电容变化，从而可测量压差。

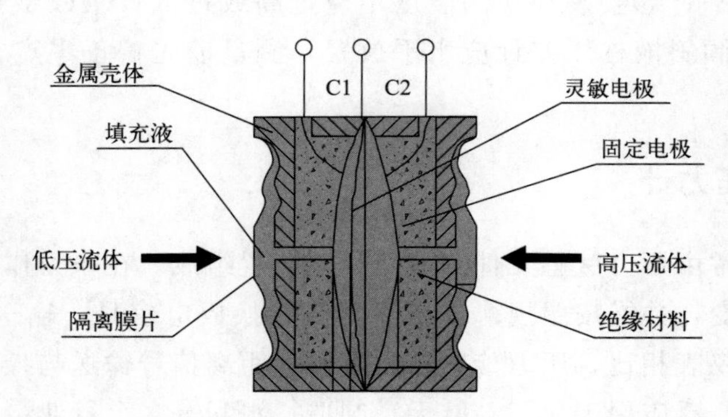

图 3.10　电容式压力计（压差传感器）结构示意图

电容式压力计结构简单、信号非接触测量、适应性强；多采用石英陶瓷材质，可用于高温、辐射场所；其本身无明显温敏性质，内部无可动结构，能量消耗较小，保证了较低的测量误差。

3.3 温度测量

温度的准确测量是化工生产的重中之重。温度测量分为接触式测温和非接触式测温。

常见的接触式温度计包括热膨胀式温度计、热电偶温度计、热电阻温度计等。

非接触式测温的测温元件与待测物体不接触，通过感温元件与被测物体之间的热辐射作用实现温度测量，包括光学高温计、比色高温计、全辐射测温仪等。

3.3.1 温度计的分类

3.3.1.1 接触式温度计

(1) 热膨胀式温度计

① 玻璃管温度计　最简单常用的热膨胀式温度计是玻璃管温度计，如水银温度计和有机液体温度计。如图 3.11 所示，管内径越细，热胀冷缩越明显，测量越精确。水银温度计测量范围为－30～500℃，乙醇、苯等有机液体温度计测量范围为－100～200℃。生产中可按需求设计温度计长度，最长可达 3m。

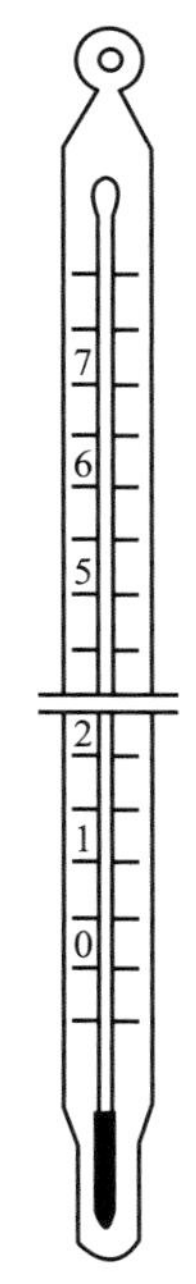

图 3.11　玻璃管温度计

使用玻璃管温度计时应保证其垂直放置，且安装在稳定、不易碰撞、便于读数的区域；玻璃管温度计应校正后使用，当测温环境稳定后，将玻璃管温度计感温泡全部置于待测环境的温敏最佳位点，如管路中流速最大处，后续读数时视线应与液面相平，保证读数误差最低。

② 双金属温度计　双金属温度计及其测温原理如图 3.12 所示。作为固体膨胀式温度计，双金属温度计较玻璃管温度计操作更方便，可取代水银温度计，主要用于液体和气体温度测定。

双金属温度计的测温元件是由两种膨胀系数不同的金属叠焊制成。为提高测量灵敏度，通常将测温元件制成螺旋形状，当温度变化时，由于金属膨胀系数不同，导致测温元件的自由端发生形变，带动指针发生偏转，指示温度。

常见的双金属温度计有轴向型温度计和径向型温度计，轴向型温度计的刻度盘垂直连接保护管，径向型温度计的刻度盘水平连接保护管。安装时通常根据安装条件和读数位置相应选取。

作为测量中低温的仪表，金属为主要组成的双金属温度计可测量－80～500℃的液

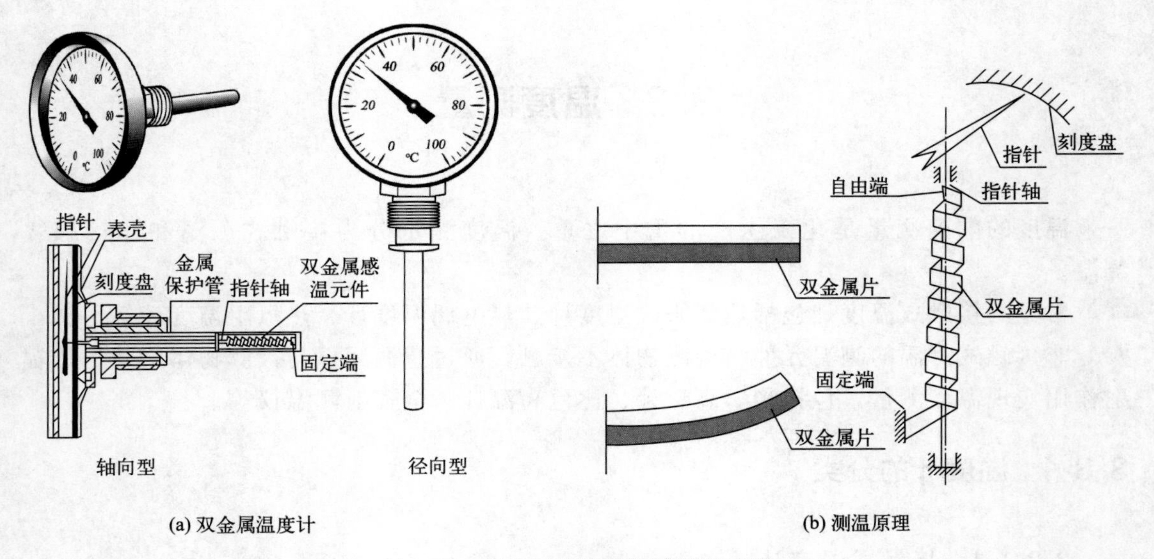

图 3.12　双金属温度计及其测温原理

体、蒸汽和气体介质的温度，结构简单稳定、响应速度快、体积小、适宜于高温环境操作，适用于工业上精度要求不高的温度测量场合，但不能将温度信号远程传输。

（2）热电偶温度计

热电偶温度计的工作原理如图 3.13 所示，把两种不同材质的导体 A 和 B 两端接合成回路，当接合点 T 和 T_0 的温度不同时，在回路中就会产生热电动势。热电偶的感温端称为热端或工作端，另一端称为冷端或自由端，两端通过导线与显示仪表相连。当存在温度差时，基于热电效应产生热电动势，从而指示温度。

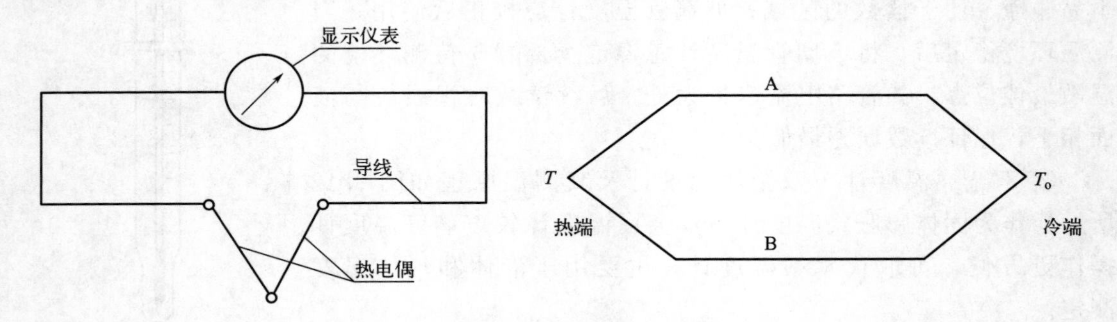

图 3.13　热电偶温度计测温系统示意图

根据测温范围和场合不同，可选取不同的热电偶材料，常用的热电偶包括铂铑热电偶、镍铬-镍硅热电偶、铜-康铜热电偶等。

热电偶温度计结构简单、使用方便，测量范围广，测量范围为－200～1600℃，且测量信号可以远距离传输，因此在工业生产中用途较广，不仅可以测量流体的温度，也可以测量固体和固体表面的温度。热电偶温度计的缺点主要是需要温度补偿。

（3）热电阻温度计

热电阻温度计主要由热电阻感温元件、连接导线和显示仪表组成，如图 3.14 所示。

热电阻一般为金属导体或半导体，利用其电阻值与温度呈函数关系将温度变化转换为电阻变化，进行温度测量。热电阻温度计输出电阻信号，可以远距离传输信号，方便及时控制工业生产。

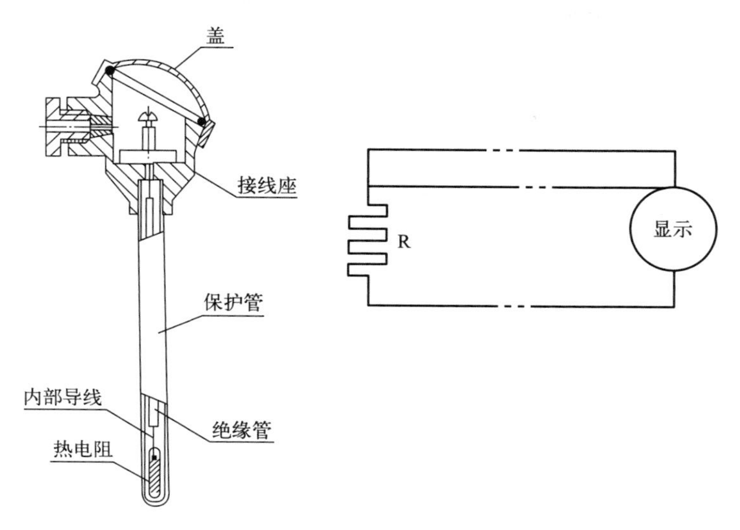

图 3.14 热电阻温度计结构和测温示意图

常见的热电阻包括铂热电阻、铜热电阻、半导体热敏电阻等。铂热电阻由纯铂丝制成，测量范围为−200～850℃，测量精度高，物理化学性能稳定。铂热电阻成本高，温度系数小，电阻值与温度不呈线性关系，实际生产应用有限。铜热电阻价格低廉，提纯容易，电阻值与温度呈线性关系，电阻温度系数大，测量范围为−50～150℃，但当温度超过150℃时易被氧化，线性关系变差，因此更适用于目标温度要求不高的场所。半导体热敏电阻通常由多种金属氧化物混合制成，具有半导体特性，其电阻值随温度升高而降低。热敏电阻灵敏度高，耐腐蚀性好，寿命长，可用于测量350℃以下的温度。

3.3.1.2 非接触式温度计

任何温度下的物体都有热辐射能力，温度越高，发射的辐射能越大。非接触式温度计是利用热辐射原理测量温度的仪表，包括光学高温计、比色高温计、全辐射测温仪等。该类型测温仪测量温度时可不接触待测物体，方便测量运动物体、热容较小的物体温度或高温、腐蚀、有毒环境的温度测量。

光学高温计是一种遵循辐射定律的非接触式辐射法单色测量仪，当受热物体辐射强度随温度升高而增大，即可测温。光学高温计主要包括光学系统和电测系统，测量范围为800～3200℃，测量范围较宽。目前广泛用于冶炼、热处理、锻造等领域。

与光学高温计相似，比色高温计根据受热物体发出的辐射线中两种波长下的辐射强度之比测量温度，测温范围为900～1700℃。相较于光学高温计，比色高温计测量精度更高、误差小，但结构相对复杂，更适用于测量移动物体，常用于冶金、动力等领域。

全辐射测温仪是根据受热物体在全波长范围内的辐射强度与温度的关系进行测温，测温原理与另外两种高温计类似。高温环境多用红外测温仪，红外测温仪在产品检测、故障诊断中发挥重要作用。

3.3.2 温度计的选用

在工业生产和科学研究中，选择合适的温度测量仪表非常重要。

在温度计的选择和使用时应考虑以下因素：

① 待测温度宜在温度计量程范围的1/3～2/3之间，同时考虑是否需要远程控制。

② 读数方便，指示明确，仪表使用方便。

③ 感温元件尺寸满足待测环境要求，与待测环境不发生反应及热交换作用，温度计使用寿命长。

④ 温度计使用前应先标定，常用标准值法和标准表法确定实际温度与仪表显示温度的关系。标准值法是确定一系列温度作为标准值，将感温元件置于相应温度中，记录温度计的相应数值，并根据国际温标规定的内插公式对感温元件的分度进行对比记录，从而完成标定。

3.4 功率测量

功率是电信号特性的重要参数之一，指单位时间内所做的功，单位为W、kW等。在直流低频范围内，可通过电压与电流的乘积计算功率。

3.4.1 测功器

测功器是指测量机械的输出扭矩或扭矩的装置。如果测得机械的转速，可计算出机械的输出功率。

常见的测功器有机械式、电力式、电流式等，可用于测量发电机、电动机、内燃机等机械的轴功率。

3.4.2 功率表

功率表又叫瓦特表，是一种测量功率的仪表。功率表使用时可先测量电动机的输入功率，再根据电动机的输入功率和输出功率的关系求出电动机的输出功率。

功率表使用时应水平放置，远离强电流和强磁场，避免干扰。

3.5 液位测量

容器内高于基准面以上的液体液面高度称为液位，测量液位的仪表称为液位计。类似的，测量固体堆积高度的仪表称为料位计，测量液-液或液-固分界面位置的仪表称为界位计。

上述物位测量是化工生产中非常重要的测量参数，通过物位测量可有效计算容器中物质的体积和质量，为原料的储存、运输及设备计算提供有效参考。

3.5.1 直读式液位计

直读式液位计是最简单的液位测量仪表。根据连通器原理，可直接指示容器中的液位。常见的直读式液位计包括玻璃管液位计、玻璃板液位计等。

此方法方便简单，但只能就地显示，且容器内压力不能过高。

3.5.2 差压式液位计

差压式液位计是根据容器内不同液面高度产生的静压差间接获得液位。

如图 3.15 所示，将容器底部液体引进差压式变送器正压室，容器上部气体引入负压室，压差计测量压差可由静力学方程式(3.3) 计算：

$$\Delta p = p_B - p_A = H\rho g \tag{3.3}$$

式中 Δp ——压差计测量压差，Pa；

H ——液位高度，m；

ρ ——液体密度，kg/m^3。

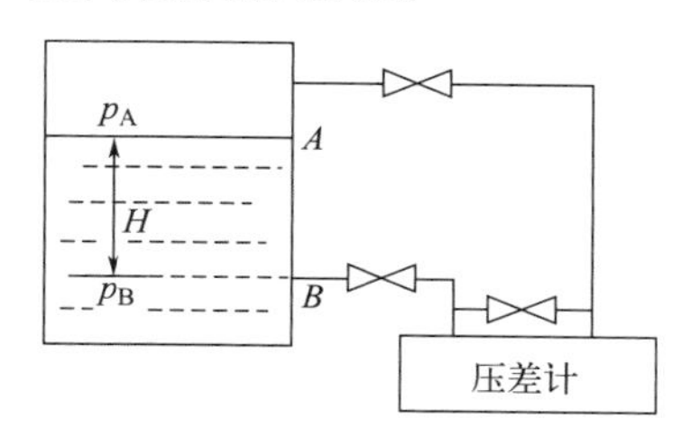

图 3.15 差压式液位变送器示意图

如果容器处于敞开或不加压状态时，普通压力表即可间接得出液位高低。如果容器处于加压状态时，可以采用差压变送器测量压力差，进而计算出液位高度。采用差压变送器测量压力差时，信号可以远程传输，为远程测量和控制提供方便。缺点是测量误差较大，需要进行温度补偿。

3.5.3 浮力式液位计

浮力式液位计通过浮力作用，利用漂浮于液面上的浮子升降情况测量液位。

如图 3.16 所示，将浮子和重物经由两个定滑轮链接，根据受力平衡关系计算容器内液位高度。当液面上升时，浮子受浮力作用上升，重物会相应下降，发生位移的改变，进而推算液位高度。

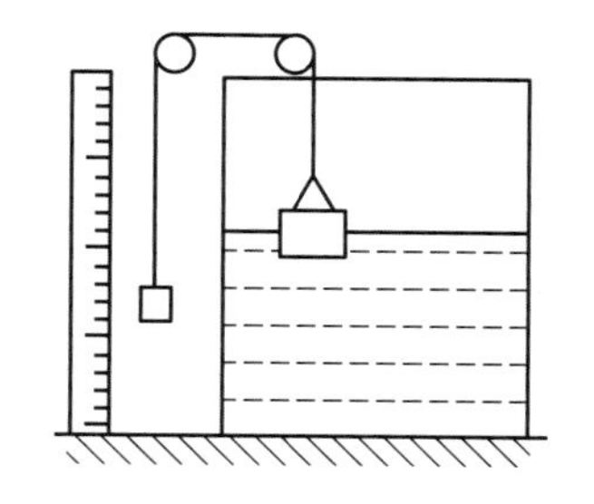

图 3.16 浮力法测量液位示意图

3.5.4 非接触式物位计

当容器中存在高温、高压、强腐蚀性介质或不方便使用接触式物位计时，可采用非接触式物位计测量物位。常见的非接触式物位计包括辐射式物位计、超声波物位计、光电物位计等。

辐射式物位计：利用辐射原理，在容器外部两侧分别放置放射源和接收器，放射源发出射线，经过容器后由接收器接收，根据接收器接收能量强度不同判断物位情况。

超声波物位计：利用超声波在气体、液体和固体中传播时的衰减程度差异测量物位。超声波在穿过气体介质时衰减最大，液体次之，固体衰减最小。根据超声波发射器和接收器的安装位置不同，可以分为声波阻断型物位计和声波反射型物位计等。

光电物位计：利用发光光源和光敏元件接收器进行物位测量。容器一侧为发光光源，另一侧安装光敏元件，当物位升高遮挡光源时，光敏元件可将遮挡信号转换成电信号，从而指示物位情况。

3.6 测量与控制的前沿技术

测量与控制的前沿技术不断发展，使得测量与控制技术在精度、效率、稳定性以及智能化等方面取得了显著的提升。这些技术包括远程控制技术、自动化技术、遥感技术、微流控技术等。

3.6.1 远程控制技术

远程控制技术可在电脑端控制计算机并获取远程数据，从而用于异地控制工业生产，提高生产效率，保障安全。

技术手段和互联网的高速发展，推动了远程控制技术在各领域的应用和推广。根据不同的运用功能，远程控制技术可分为人机交互型、保护型和完成型。人机交互型通常是工作人员与计算机共同开展操作；保护型是对计算机操作进行保护及监控，监控到异常情况时可即时反应；完成型是检测完成相关操作任务后做出反馈。

3.6.2 自动化技术

自动化技术是衡量企业自动化水平的重要指标。在工业生产中，自动化技术可以提高设备的生产效率和操作精准度，减少人力成本，优化生产流程，有效减少故障和机械受损率。

科技发展助推自动化技术走向集成化和虚拟化。集成化技术作为特殊的集成生产模式，通过有序排列各个生产工序整合生产活动，从而利用电子技术进行系统控制。虚拟化技术融合了仿真模拟分析技术、控制技术等其他前沿技术，可以模拟生产制造流程和工艺，针对性地设计生产方案，提高制造质量。

3.6.3 遥感技术

随着卫星、航空航天技术的发展，遥感检测技术已成为应用最广的检测预警技术之一。遥感技术主要应用于自然环境监测、森林火灾监测、建筑领域监测等众多领域。通过遥感监测可长周期大范围监测相关数据，对于了解、掌握和管理相关领域发挥着重要作用。

3.6.4 微流控技术

微流控技术使用微管道或微结构处理微小流体，涉及化学、微电子、流体、材料等多门学科。微流控技术主要通过微流控芯片技术实现工艺控制，具有微型化和集成化的特点。随着技术不断革新，微流体控制以及流体驱动的单元也引入了有机合成、微反应器和化学分析等技术，引领控制技术进步，为未来的控制手段提供多学科技术支撑。

第4章 化工原理基础实验

4.1 流量计校正与流体力学综合实验

【实验目的】

（1）掌握流体流量计校正和流动阻力测量的原理，熟悉实验装置结构和实验操作。

（2）熟悉不同流量计的构造、工作原理和主要特点，掌握文丘里流量计的标定方法，探究流量计系数与雷诺数的关系。

（3）掌握管路中的直管阻力和局部阻力的测量方法，设计实验测量不同结构管路的阻力损失，测定摩擦系数与雷诺数的关系、局部阻力系数。

（4）讨论减小管路阻力损失的方法，培养学生节能、低碳意识。

【实验原理】

（1）流量计校正

流量计量是计量科学的重要内容，在国民经济、国防建设、科学研究中应用广泛，对稳定工艺条件、保证产品质量、提高生产效率等都具有重要的作用。

流量计（flowmeter）是在选定的时间间隔内指示被测流体流量的一类仪表。流量计出厂前一般依据标准制造规范，用某一类型流体进行流量标定。而在特定生产中应用时，由于流体类型、流动状态和仪表工作条件不同，需对流量计进行校正后，才能准确测定流体流量。

流量计的种类很多，实验室常用节流式流量计，包括文丘里流量计和孔板流量计。

当流体流过文丘里流量计时，喉管处流通截面积变化，引起流体流速改变，进而产生压力差，可通过压力差测得流体流量。

压力差与流体流量有关，根据伯努利方程及压差计工作原理，可以推导出如下公式：

$$q_V = C_V S_V \sqrt{2(p_1 - p_0)/\rho} \tag{4.1}$$

式中，C_V 为流量计的流量系数；S_V 为喉径处截面积，m^2；$p_1 - p_0$ 为喉部与管道截面间的压力差，Pa；ρ 为流体密度，kg/m^3。

推导得

$$C_V = \frac{q_V}{S_V \sqrt{2(p_1 - p_0)/\rho}} \tag{4.2}$$

孔板流量计的测量原理与文丘里流量计相同，被测流体流过具有节流作用的孔板孔口，流通截面积缩小引起流体流速发生改变，而流体由于惯性作用在流过小孔后继续收缩并流过一段距离，之后逐渐扩大至整个管截面，流通截面积最小处称为缩脉。根据机械能守恒原理，在缩脉处流速最大，流体的静压力降至最低。流量越大，压力变化幅度也越大。

孔板流量计的流量计算公式如下：

$$q_V = C_0 S_0 \sqrt{2(p_a - p_b)/\rho} \tag{4.3}$$

式中，C_0 为孔流系数；S_0 为孔口处截面积，m^2；$p_a - p_b$ 为角接取压或缩脉取压测得的压力差，Pa；ρ 为流体密度，kg/m^3。

推导得：

$$C_0 = \frac{q_V}{S_0 \sqrt{2(p_a - p_b)/\rho}} \tag{4.4}$$

（2）流动阻力测定

流体流动规律是单元操作和工程研究的重要基础。真实流体具有黏性，在流动中呈现出层流、过渡流和湍流等不同的流动类型，并产生流动阻力和能量损失，从而影响流体输送设备的能耗甚至生产能力。

流动流体的能量损失主要为机械能损失，包括直管阻力损失（或称沿程阻力）和局部阻力损失。

当流体流经圆形直管时，流体黏性引起直管阻力损失。当流体流经弯管及各种阀门、管件（弯头、变径、三通等）、流量计等部件，以及在流动过程中发生流通截面积突然扩大或缩小等时，流体黏性和逆压梯度易导致流体边界层分离，形成大量旋涡，产生形体阻力（或称局部阻力），造成局部阻力损失。

对于不可压缩流体，当其在圆形直管中连续稳态流动时，可由范宁（Fanning）公式［式(4.5)］计算流体的直管阻力，其中摩擦系数 λ 由流体流动类型决定。

可以结合量纲分析推导出摩擦系数 λ 与雷诺数 Re 的关系：

层流时（$Re \leqslant 2000$），摩擦系数 λ 与雷诺数 Re 呈线性关系；

湍流时（$Re \geqslant 4000$），摩擦系数 λ 与雷诺数 Re 和相对粗糙度 ε/d 有关，当 ε/d 一定时 λ 随 Re 增大而逐渐减小至稳定数值；

过渡流时（$2000 < Re < 4000$），管内流动可能出现不同流型，此时层流曲线或湍流曲线均适用。

局部阻力的计算方法主要有阻力系数法和当量长度法，其中局部阻力系数和当量长度难以理论计算，均由实验测定。

本实验是在固定直管长度、内径和管壁粗糙度的条件下，以水作为流动介质，调节流体流量，测定流体在一段等径水平直管中的压降，然后分别计算出一系列摩擦系数 λ 和雷诺数 Re 的数值，作图确定摩擦系数 λ 与雷诺数 Re 的函数关系。

① $\lambda \sim Re$ 的计算

列被测直管段的两取压口之间机械能衡算方程，可得

$$\text{直管阻力}\ h_{\mathrm{f}}=\frac{\Delta p_{\mathrm{f}}}{\rho g}=\lambda \times \frac{l}{d} \times \frac{u^{2}}{2g} \tag{4.5}$$

即

$$\lambda=\frac{2d}{\rho l} \times \frac{\Delta p_{\mathrm{f}}}{u^{2}} \tag{4.6}$$

$$\text{雷诺数}\ Re=\frac{du\rho}{\eta} \tag{4.7}$$

式中，Δp_{f} 为直管阻力引起的压降，Pa；ρ 为流体密度，$\mathrm{kg/m^3}$；g 为重力加速度，$\mathrm{m/s^2}$；λ 为摩擦系数；l 为管长，m；d 为管径，m；u 为流体流速，m/s；Re 为雷诺数；η 为流体黏度，Pa·s。

测得一系列流量下的 Δp_{f} 后，根据实验数据和式(4.5)、式(4.6) 计算出不同流速下的 λ 值。用式(4.7) 计算出 Re 值，在双对数坐标纸上或利用 Excel 软件绘出 $\lambda \sim Re$ 曲线。

理论上，层流时（$Re \leqslant 2000$）摩擦系数 λ 与雷诺数 Re 关系式为 $\lambda=64/Re$；湍流时摩擦系数的经验关联式为柏拉修斯公式（光滑管）和考莱布鲁克公式（粗糙管），见式(4.8) 和式(4.9)，式(4.8) 适用于光滑管且 $2500<Re<10^6$ 范围，式(4.9) 适用于粗糙管且 $3000<Re<3\times10^6$ 范围。

$$\lambda=\frac{0.3164}{Re^{0.25}} \tag{4.8}$$

$$\frac{1}{\sqrt{\lambda}}=1.74-2\lg\left(\frac{2\varepsilon}{d}+\frac{18.7}{Re\sqrt{\lambda}}\right) \tag{4.9}$$

② 局部阻力的测定

利用图 4.1 所示结构测定流体流经管件时的压降。分别测量管件两侧取压点 a、a' 以及 b、b'之间的压差，结合式(4.10)～式(4.12) 计算压降和局部阻力。

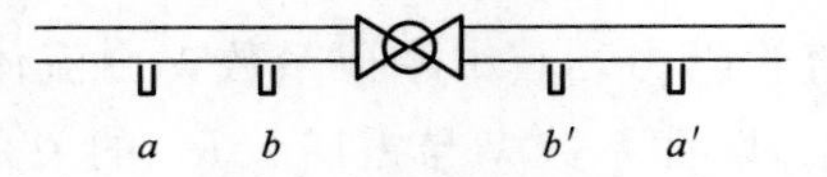

图 4.1 局部阻力测量结构示意图

$$\text{管件两端压降}\quad \Delta p'_{\mathrm{f}}=2(p_{\mathrm{b}}-p'_{\mathrm{b}})-(p_{\mathrm{a}}-p'_{\mathrm{a}}) \tag{4.10}$$

$$\text{局部阻力}\quad h'_{\mathrm{f}}=\frac{\Delta p'_{\mathrm{f}}}{\rho g}=\xi \frac{u^{2}}{2g} \tag{4.11}$$

$$\text{局部阻力系数}\quad \xi=\frac{2}{\rho} \times \frac{\Delta p'_{\mathrm{f}}}{u^{2}} \tag{4.12}$$

【实验装置及流程简介】

（1）实验装置

流量计校正与流体力学综合实验装置流程如图 4.2 所示。离心泵将储水槽中的水泵入实验管路中，先由玻璃转子流量计或孔板流量计测量流体流量，再流经待测管路，利用空气-水倒置 U 形管或差压变送器测量压差，最后经过文丘里流量计流回储水槽，完成流体的循环流动。

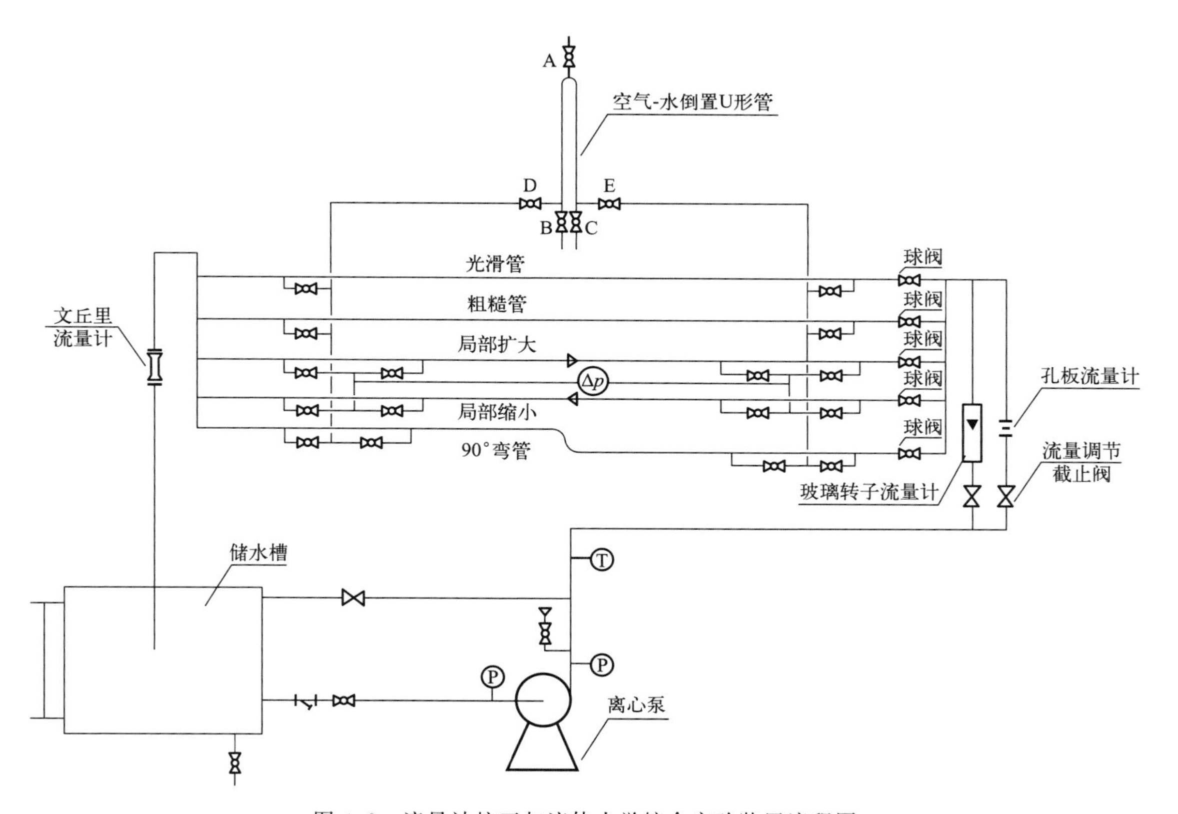

图 4.2　流量计校正与流体力学综合实验装置流程图

实验系统设置了多种待测管路，如光滑管、粗糙管、局部扩大和局部缩小、90°弯管等，提供了实验方案的设计多样性。

（2）主要部件技术参数

① 被测光滑管直管段：管内径 $d=0.016$m，管长 $l=1.6$m，材料为不锈钢。

② 被测粗糙管直管段：管内径 $d=0.016$m，管长 $l=1.6$m，材料为不锈钢。

③ 被测局部阻力（局部扩大和局部缩小）直管段：渐扩管细管内径 $d=0.016$m，管长 $l=1.6$m，带四分球阀，材料为不锈钢；渐扩管粗管内径 $d=0.026$m，管长 $l=1.6$m，带六分截止阀，材料为不锈钢。

④ 被测局部阻力（90°弯管）直管段：管内径 $d=0.016$m，中间两个 90°弯管，材料为不锈钢。

【实验设计要求】

通过分组，完成以下实验中的两项或多项。

(1) 设计实验，采用转子流量计测量流量、倒置U形管测量压差，探究不同流量下光滑管、粗糙管的直管阻力，并对比分析其摩擦系数与雷诺数的关系。

(2) 设计实验，采用转子流量计测量流量，探究不同流量下局部扩大、局部缩小和弯管局部阻力，并对比分析其摩擦系数与雷诺数的关系。

(3) 设计实验，探究 $Re<2000$ 即层流时，直管摩擦系数、局部阻力系数分别与雷诺数的关系，并对比分析。

(4) 设计实验，探究 $Re>4000$ 即湍流时，直管摩擦系数、局部阻力系数分别与雷诺数的关系，并对比分析。

(5) 设计实验，标定文丘里流量计，探究流量计系数与雷诺数的关系。

【实验方法及操作步骤】

(1) 向储水槽内注水，直到储量超过2/3，对离心泵进行灌泵操作。

(2) 按实验装置图检查各设备、仪表及管件是否齐全、完好。了解实验装置结构，熟悉实验流程及注意事项。

(3) 关闭离心泵出口阀，开启电源总开关，利用变频器（建议其输出频率设定为40Hz）启动离心泵，缓慢打开离心泵出口截止阀。

(4) 排空管路中的气泡：将截止阀调至一定开度，打开各管路全部蓝色球阀，稳定运行5～10min，然后只保持待测管路入口的蓝色球阀开启，关闭与其并联的其余管路球阀。

(5) 检查倒置U形管内的两液柱高度是否相平。当流量为零时，若倒置U形管内左右两液柱的液面不相平，说明系统内有气泡存在，需排空管路内气泡，方可测取数据。

调整办法：将倒置U形管灌满水后，手动放水将管内的两液柱高度调成相平。如图4.2所示，当管路中液体流量为零时，关闭阀门A、B、C，打开阀门D、E，查看倒置U形管的读数差是否为零，若为零表示管路内无气泡。若管路中有气泡存在，关闭阀门A、B、C，打开阀门D、E，打开流量调节截止阀，使U形管中充满液体，关闭阀门D、E，打开阀门A连通大气，分别缓慢打开阀门B、C，将U形管内两液面调至中上部位置且相平，关闭阀门A。关闭流量调节截止阀，让管路内的流量等于零，打开阀门D、E，观察倒置U形管两液面的读数差是否为零，若为零说明气泡已赶尽，可以进行实验，若不为零则重复上述操作。

(6) 缓慢调节流量调节截止阀，改变液体流量8～10次，分别测量流量计读数、直管阻力或局部阻力。切换待测水平横管入口球阀的开启，测量其余管路。

(7) 待全部数据测量完毕，关闭流量调节截止阀，关闭各电子仪表及总电源，整理实验用品，做好装置和周围场地的清洁。

【实验操作注意事项】

（1）实验操作前要熟悉各阀门的位置，避免实验时误开阀门造成压差传感器损坏。

（2）实验前应注意检查储水槽水位，防止离心泵发生气缚现象。

（3）调节流量后，待流量和压降示数稳定后记录数据。

（4）转子流量计读数时，应读取转子最大截面处对应的刻度数值。

（5）局部阻力测定前，应先检查管路中是否有气泡存在。

（6）标定文丘里流量计时，应关闭与转子流量计并联的管路阀门。

【实验数据记录与处理】

（1）实验数据记录

实验数据记录参考表4.1～表4.5。

表4.1 设备参数表

实验日期： 装置号： 同组人：

项目		参数
流量计量程		～ m^3/h
压差传感器量程		～ kPa
AI人工智能化测量报警仪表		测量精度：
测试用管	光滑管	$d=$ m；$L=$ m
	粗糙管	$d=$ m；$L=$ m
	弯管	$d=$ m；$L=$ m
	渐缩管	$d=$ m；$L=$ m
	渐扩管	$d=$ m；$L=$ m

表4.2 直管阻力（光滑管或粗糙管）测量数据原始记录表

实验日期： 装置号： 同组人：

序号	1	2	3	4	5	6	7	8
水温/℃								
流量/(m^3/h)								
U形管近端一侧读数/mm								
U形管远端一侧读数/mm								
水柱高度差/mm								
压差/kPa								

表4.3 局部阻力（弯头）测量数据原始记录表

实验日期： 装置号： 同组人：

序号	1	2	3	4	5	6	7	8
水温/℃								
流量/(m^3/h)								

续表

序号	1	2	3	4	5	6	7	8
内段U形管近端一侧读数/mm								
内段U形管远端一侧读数/mm								
外段U形管近端一侧读数/mm								
外段U形管远端一侧读数/mm								
内段水柱高度差/mm								
内段压差/kPa								
外段水柱高度差/mm								
外段压差/kPa								

表4.4　局部阻力（局部扩大或局部缩小）测量数据原始记录表

实验日期：　　装置号：　　同组人：

序号	1	2	3	4	5	6	7	8
水温/℃								
流量/(m^3/h)								
压差/kPa								

表4.5　文丘里流量计标定原始数据记录表

实验日期：　　装置号：　　同组人：

序号	转子流量计读数/(m^3/h)	文丘里流量计压差读数/kPa	水温/℃
1			
…			

（2）实验数据处理

① 整理计算实验数据（表4.5），绘制文丘里流量计流量系数与雷诺数的关系曲线，并与化工原理教材进行对比分析。

② 整理计算实验数据（表4.2），分别探究层流区、过渡区和湍流区的直管摩擦系数与雷诺数的关系，并与化工原理教材的莫狄摩擦系数图对比分析。

③ 整理计算实验数据（表4.3、表4.4），计算不同管件的局部阻力，并绘制局部阻力系数与雷诺数的关系曲线。

④ 比较分析各组别不同实验设计方案的实验数据。

【思考题】

（1）预习思考题

① 查找资料，了解流体阻力研究对工业生产的现实意义，并思考不同流体流经不同管件时阻力损失的差别及测量方法。

② 按照实验原理、实验任务和实验参数，设计完成实验思维导图。

③ 根据实验设计任务，画实验装置图，并准备好实验记录表。

④ 当流体流经哪些管件和阀门时会产生局部阻力损失？举例说明（4 种以上）。

（2）实验后思考题

① 测量前为什么要排出管路及测压导管中的空气？怎样操作才能迅速地排出？

② 测压管的粗细、长短对摩擦系数测定结果有无影响？为什么？

③ 将弯管测量管路的长度范围延长或者缩短，对阻力系数结果有何影响？

④ 分析实验获得的数据和结论是否异常，并分析产生异常的原因。

⑤ 结合节能、低碳理念，对实验完成情况进行评估分析。

请扫描二维码获取本实验相关数字资源，内容包括：

（1）实验装置的实物照片

（2）流量计工作原理视频

（3）实验步骤流程框图及思维导图

4.2 离心泵综合实验

【实验目的】

（1）掌握离心泵的工作原理和操作方法，熟悉离心泵的结构特点。

（2）掌握实验测定离心泵特性曲线和管路特性曲线的方法。

（3）学会分析离心泵的联用方式对于流量、压头和轴功率的影响。

（4）了解离心泵技术发展现状，增强节能减排观念。

【实验原理】

离心泵是最常见的液体输送设备之一，由吸入管、排出管和泵主体组成。泵主体由固定部分和转动部分构成，包括泵壳、机械密封、轴封、轴承、叶轮和电动机等部件。固定部分中，泵壳将输送液体限定在蜗形壳体内，通过通道截面积渐扩特点将流体动能转化为静压能；密封组件可防止液体泄漏或空气倒吸入泵内。转动部分中，电动机带动叶轮旋转，进一步带动液体离心旋转，使其获得能量。

离心泵启动后，叶轮由电动机和泵轴带动而高速转动，在叶片和离心作用下进入叶轮的液体从叶轮中心沿叶片表面被抛向叶轮外周，在叶轮中心处产生负压区，当泵入口处的压力大于叶轮中心压力时，液体即被连续地由入口管压向叶轮中心，后经叶片和泵壳的流道渐扩变化，使部分动能转化成静压能，以较高压头由出口管排出，完成流体输送。

离心泵应遵循操作规程开启，避免气缚和汽蚀两种非正常现象。离心泵启动前，应将被输送的液体充满泵壳，即“灌泵”。若泵内没有灌满被输送的液体，或者在泵运转过程中混入了密度小于液体的空气，则叶轮中心产生的真空度较小，使离心泵无法正常吸入液体，即发生了气缚现象。当液体贮槽液面的压力一定时，经叶轮中心流入叶片流道的流体压力低于当前温度下被输送液体的饱和蒸气压时，将发生汽化而产生大量气泡，而渐扩的叶片流道引起流体动能转换为高压，当气泡随液体进入该高压区后迅速冷凝形成真空区，周围液体质点以高速冲向真空区，产生瞬时高冲击压，导致叶轮表面损坏，此时泵的流量、扬程和效率明显下降，且伴有泵体振动、噪声，即为离心泵的汽蚀现象。

在一定的转速下，固定型号离心泵的扬程 H、轴功率 P 及效率 η 均随流量 q_V 改变。通常通过实验测出 $H \sim q_V$、$P \sim q_V$ 及 $\eta \sim q_V$ 的关系，并绘制成曲线，即为离心泵的特性曲线。离心泵的特性曲线是确定离心泵适宜操作条件和选用离心泵的重要依据。本实验采用单级单吸式离心泵装置，测定离心泵特性曲线。

(1) 扬程的测定

若离心泵的吸入管路和排出管路的管径相等，列泵的吸入口和排出口之间机械能衡算方程：

$$z_{入} + \frac{p_{入}}{\rho g} + \frac{u_{入}^2}{2g} + H = z_{出} + \frac{p_{出}}{\rho g} + \frac{u_{入}^2}{2g} + H_{f,入-出} \tag{4.13}$$

式中，$z_{入}$、$z_{出}$ 分别为离心泵入口、出口取压点的高度，m；$p_{入}$、$p_{出}$ 分别为离心泵入口、出口取压点处的表压，Pa；ρ 为被输送液体的密度，kg/m^3；g 为重力加速度，m/s^2；$u_{入}$、$u_{出}$ 分别为离心泵入口、出口取压点处的液体流速，m/s；H 为离心泵的扬程，m；$H_{f,入-出}$ 为泵的吸入口和排出口之间的流体流动阻力损失，m。

通常，泵的吸入口和排出口距离很近，因此与机械能衡算方程中其他项比较，$H_{f,入-出}$ 值很小，故可忽略，则式(4.13) 变为

$$H = (z_{出} - z_{入}) + \frac{p_{出} - p_{入}}{\rho g} + \frac{u_{出}^2 - u_{入}^2}{2g} \tag{4.14}$$

将实验测得的泵出入口处的位能差、静压能差以及由流量和管内径计算所得的流速值代入式(4.14)，即可求得 H 值。

(2) 轴功率 P(kW) 的测定

$$电动机的输出功率 = 电动机的输入功率 \times 电机效率 \tag{4.15}$$

功率表直接测得的功率为电动机的输入功率。因为泵的叶轮由电动机及轴承带动，传动效率可视为 1，所以电动机的输出功率等于泵的轴功率，即

$$泵的轴功率\ P = 功率表的读数 \times 电机效率 \tag{4.16}$$

一般情况下，离心泵的轴功率 P 随泵送流体的流量增大而增大。因流量为零时轴功率及扬程最小，因此在离心泵启动时应将出口阀关闭（封闭启动），以防止电机过载，待电机转动稳定后再将出口阀打开。

(3) 离心泵效率 η 的测定

泵的有效功率 P_e(kW) 可用式(4.17) 计算：

$$P_e = \frac{H q_V \rho g}{1000} \tag{4.17}$$

则离心泵的效率为

$$\eta = \frac{P_e}{P} \times 100\% \tag{4.18}$$

对于一定的管路系统，当管路长度、局部管件、阀门开度均不发生变化时，流体输送的流量与所需扬程之间的关系即为管路特性曲线。管路与离心泵相互影响，管路的开度调节会引起泵工作状态的变化。离心泵实际工作时的扬程和流量与泵的性能及管路特性均有关。若将泵的特性曲线与管路特性曲线绘在同一坐标系中，两曲线交点即为泵在该管路中的工作点。根据管路输送条件规定不低于最高效率 92%的区域为泵的高效区，离心泵运行时应尽可能在高效区内工作。

实验中，可用变频器调节离心泵的转速，改变流体流量，测出不同流量下泵的扬程，即在不同流量下泵供给管路内流体的压头（L，单位 m），从而获得管路特性曲线。测定管路特性曲线时不能人为改变管路系统，即管路内的流量调节不是靠管路调节阀，而是通过改变泵的转速实现。

本实验要求在熟悉离心泵的结构与操作方法基础上设计测定离心泵特性曲线的实验方案。利用变频器控制单个离心泵的转速，测量离心泵输送不同流量清水时泵的扬程、轴功率、效率，获得其特性曲线，进一步测定管路特性曲线，讨论泵的工作点；在固定的供电频率下进行离心泵的双泵并联操作及其特性曲线的测定，对比分析离心泵的联用方式对流量、压头和轴功率的影响。

【实验装置及流程简介】

（1）实验装置

离心泵综合实验装置流程如图 4.3 所示。水箱内的清水由并联的两台离心泵输送，流量可通过变频器或阀门开度调节。离心泵将清水送至各流量计计量后回流至水箱。在离心泵的进、出口附近设有取压口，分别安装有压力传感器，管路末端安装有热电偶传

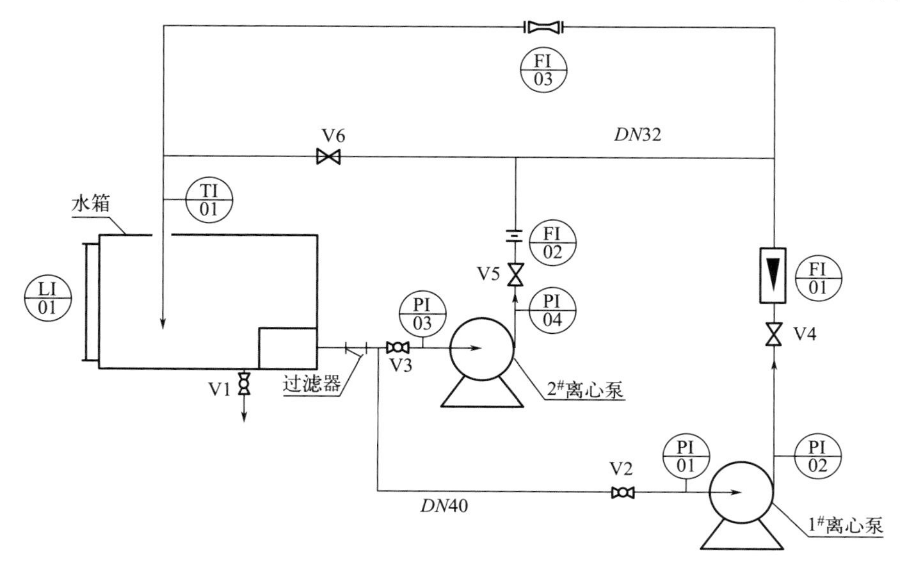

图 4.3　离心泵综合实验装置流程示意图

TI01—热电偶温度计；PI01～PI04—压力变送器；FI01—转子流量计；FI02—孔板流量计；FI03—文丘里流量计；LI01—液位指示计；V1—排水阀；V2，V3—离心泵入口阀；V4，V5—离心泵出口阀；V6—回流阀

感器探头。离心泵装置的控制面板设有电源开关、变频器、仪表开关、功率计、温度及压力等显示仪表。实物照片详见本实验文末二维码链接的数字资源。

(2) 主要部件技术参数

① 离心泵：铭牌标称流量 12.5m^3/h，扬程 20m，电机效率为 60%。

② 泵入口处管路内径 $d_1=0.040m$；泵出口处管路内径 $d_2=0.032m$；真空表与压力表测压口之间的垂直距离 0.20m；泵后的实验主管路管内径 0.032m。

③ 孔板流量计孔口直径 18mm，文丘里流量计喉径 18mm，流量计的流量系数需实验测定；玻璃转子流量计 LZB-50，量程 0.6～6.0m^3/h，精度 2.5 级。

④ 压力表：泵吸入口真空度的测量采用差压变送器（型号 YC-201）与智能化测量报警仪表（AI-501）组合工作，测量范围－0.1～0MPa，精度 0.3 级；泵出口压力表测量范围 0～0.4MPa。温度显示表（AI-501）测量范围 0～100℃，孔板流量计和文丘里流量计的压力传感器及显示仪表（AI-501）测量范围 0～200kPa，精度 0.3 级。功率表：型号 PS-139，精度 0.5 级。

【实验设计要求】

通过分组，完成以下实验中的一项或多项。

(1) 设计实验，在两个不同的固定工作频率（>30Hz）下利用实验装置分别测定单一离心泵的特性曲线，比较两种测量结果的异同。

(2) 设计实验，在泵的出口阀半开或全开情况下找到实验装置合理的变频器输出频率范围，在对应的最大流量区间上分别测定单一离心泵的管路特性曲线，比较两种测量结果的异同。

(3) 设计实验，在某固定工作频率（例如 40Hz）下利用实验装置分别测定单一离心泵和双泵并联的特性曲线，比较两种测量结果的异同。

【实验方法及操作步骤】

(1) 清洗水箱，向其注入清水，使液位达到水箱高度的 2/3 以上。灌泵，排出泵内空气。

(2) 通过装置控制面板按钮依次启动总电源、接通压力表和真空表等仪表电源，检查仪表自检及装置各阀门开度情况，开启离心泵前先将其出口阀关闭。开启离心泵变频器电源，在变频调速器控制面板上设定目标频率（不超过 50Hz），按【Run】键启动离心泵，待其转速稳定后逐渐打开出口阀，观察流量变化情况。

(3) 每次在流量相对稳定的条件下同时记录各仪表示数：流量、压力、功率及水温等。流量连续调节顺序可从 0 至最大流量或反之，应至少测 10 组数据。

(4) 根据单泵特性曲线测量实验需求调节各阀门开度，系统中不启用的离心泵的出口阀应始终保持关闭。测定管路特性曲线时，应将泵的出口阀半开或全开，通过连续调节变频器旋钮改变其供电输出频率，从而改变管路的流量，测定不同流量下水经过管路所需的压头，绘制管路特性曲线。

(5) 进行双泵并联实验时，需考虑如何利用 1# 离心泵转子流量计流量及文丘里流量计的压差示数对应关系，调节 $2^{\#}$ 离心泵出口阀门，观察文丘里流量计的示数，实现 $2^{\#}$ 离心泵的流量与 $1^{\#}$ 离心泵保持一致。

（6）全部实验结束后，关闭泵出口流量调节阀，按【Stop】键停止工作中的变频器（停泵），通过控制面板各按钮依次关闭变频器、仪表及总电源，根据实际水质状况定期放空实验用水。

【实验操作注意事项】

（1）实验装置电路采用五线三相制配电，实验前应确认实验设备接地良好。

（2）每次启动离心泵前均需进行灌泵操作，保证泵内气体排尽。启动前先关闭出口阀，以免开泵期间电动机负荷过大。

（3）泵运转过程中勿触碰泵主轴部分，因其高速转动，可能会缠绕或伤害身体接触部位。

（4）不要在出口阀关闭状态下长时间运转泵，否则泵中液体温度易升高而产生气泡，导致汽蚀现象。

（5）调节泵的变频器时，最大值切勿超过其额定工作频率 50Hz。

【实验数据记录与处理】

（1）实验数据记录

① 根据实验设计要求绘制实验数据记录表，记录水温、流量、泵进口压力、泵出口压力、电机功率等。单泵实验数据记录可参考表 4.6 和表 4.7。

表 4.6 离心泵性能测定数据记录表

实验时间： 实验仪器编号： 同组人：
离心泵型号： 额定流量： 额定扬程： 额定功率：
泵进、出口测压点的高度差： 平均水温： 变频器频率：

序号	$1^{\#}$ 离心泵流量/(m^3/h)	进口压强(表压)/kPa	出口压强(表压)/kPa	电机输入功率/kW
1				
…				

表 4.7 管路特性测定数据记录表

实验时间： 实验仪器编号： 同组人：
离心泵型号： 额定流量： 额定扬程： 额定功率：
泵进、出口测压点的高度差： 平均水温：
阀门开度(半开___ /全开___)

序号	变频器频率/Hz	泵流量/(m^3/h)	进口压强(表压)/kPa	出口压强(表压)/kPa
1				
…				

（2）实验数据处理

根据不同的实验设计选择计算离心泵的扬程 H、轴功率 P 及效率 η，并以其中一组数据列出计算过程。分别绘制离心泵特性曲线以及对应的管路特性曲线，讨论转速对于离心泵特性曲线的影响，分析离心泵在管路系统中的工作点。讨论双泵并联与单泵操作相比泵的特性曲线变化特点。

【思考题】

（1）预习思考题

① 查阅文献，从节能减排角度探讨影响离心泵工作效率的因素及操作条件。

② 根据实验设计内容绘制相应的思维导图，包括设计方案中需要测定的参数。

③ 绘制实验装置示意图和实验原始数据记录表。

④ 根据误差分析方法思考如何定量分析离心泵扬程的测量误差。

（2）实验后思考题

① 针对具体的实验设计，对比讨论各测量方案的结果。

② 本实验是否测到了离心泵的最高效率点及高效区？如何改进实验装置和实验方法，才能获得更完整的离心泵特性曲线？

③ 试以本实验测定的离心泵扬程某一数值为例，定量估算其误差范围。

④ 离心泵实验中，保持变频器输出频率不变时加大管路阀门开度，或者保持阀门开度不变时提高变频器输出频率，两种调节方式均会引起管路流量增加。在两种情况下，离心泵的出口压力表和进口真空表显示的读数将分别如何改变？并分析其原因。

拓展链接

微信扫描二维码获取

请扫描二维码获取本实验相关数字资源，内容包括：

（1）实验装置的实物照片

（2）往复泵工作原理视频

（3）实验步骤流程框图及思维导图

（4）文献导读信息

4.3 管路拆装实验

【实验目的】

（1）掌握常见管路拆装工具的使用方法，掌握安全进行管路拆装的方法，合理评价其安全风险。

（2）学会编制管路系统说明文件，熟悉管路流程图的符号含义。

（3）培养管路拆装实践能力，增强安全环保意识。

【实验原理】

管路拆装实验旨在训练化工管路系统的组装、调试和拆卸方面的基础实践能力，内容涉及流体输送管道系统的识图、搭建、开车、试运行和拆卸全过程。

管路连接是根据相关标准和图纸要求，将管子与管子、管件、阀门等通过连接辅件进行组装，形成一套严密的管路系统。

化工管路的常见连接方法包括焊接、承插式连接、螺纹连接、法兰连接、卡套式连接和胀管连接等。

焊接连接是一种简单方便却难以拆卸的连接方法，广泛用于金属管及塑料管组成的长管路和高压管路中。焊接方法不适用于经常需要拆卸的管路或不允许动火的环境。

承插式连接是将管子的一端插入另一管子的插套内，并在形成的空隙中封装填料的连接方法。该方法常见于水泥管、陶瓷管和铸铁管的连接，其特点是安装方便，对各管段中心重合度要求不高，但拆卸困难，不耐高压。

螺纹连接是通过将管子外螺纹和管件内螺纹拧紧而将管件连接的方法。管螺纹有圆锥管螺纹和圆柱管螺纹两种，管道多采用圆锥形外螺纹，管箍、阀门、管件等多采用圆柱形内螺纹，一般需加填料以便密封。

法兰连接是通过连接法兰及紧固螺栓、螺母、垫片使管道连接起来的方法，具有强度高、密封性能好、适用范围广、拆卸和安装方便的特点。当管道需要封堵时可采用法兰盖。

（1）法兰、阀门及转子流量计等的安装要求

① 法兰安装中要做到对得正、不反口、不错口、不张口。安装前应对法兰、螺栓、垫片进行外观、尺寸、材质等检查。未加垫片前，将法兰密封面清理干净，确保其表面无损坏；垫片的位置要放正，不能加双层垫片；紧固法兰螺栓时应遵循十字交叉方式对称操作，以保证垫片各处受力均匀；法兰与法兰对接连接时，密封面应严格维持平行、同心。

② 阀门安装时，应先把阀门内清理干净并关闭，再进行安装。单向阀、截止阀及调节阀安装时应注意介质流向，流体应自阀盘下部向上流动。阀门关闭时，阀杆、填料函部应不与介质接触，以免阀杆等受腐蚀。阀门的手轮位置要便于操作。弹出式安全阀应注意其安全安装方向及压力设置上限。

③ 转子流量计必须垂直安装在管路中，避免转子倾斜引起浮升受限而影响测量准确性。管路中的转子流量计前后应各有相应的直管段，一般前段应有（15～20）d 的直管段，后段应有 $5d$ 左右的直管段（d 为管子内径），以保证流量的稳定。

④ 活动接头是管路中常见的管道连接件，它应是管路系统组装中最后安装的管件，而拆卸管路时应优先拆它。

⑤ 螺纹接合时，管路端口需加工为外螺纹，利用螺纹与管箍、管件和活接头配合固定。密封则主要通过内外螺纹间加敷密封材料实现。常使用聚四氟乙烯膜或硅胶圈等作为密封材料，先缠绕或套在外螺纹表面，然后配合内螺纹组件拧紧。

(2) 化工管路布置及安装原则

管路布置主要考虑安装、检修、操作的方便及安全，同时尽可能减少基建费用，并根据生产特点、设备布置、材料性质等加以综合考虑。

管路布置具体包括：

① 化工管路安装时，各种管线应平行铺设，以便于共用管架。要尽量走直线，少拐弯，少交叉，以节约管材，减小阻力，同时力求整齐美观。为便于操作及安装检修，并列管路中的零件与阀门位置应错开安装。

② 管子安装应横平竖直，水平管偏差不大于 15mm/10m，竖直管偏差不大于 10mm/10m。管路离地面的高度以便于检修为准。

③ 机泵的管路布置，总体应遵循良好的流体吸入环境与检修方便的原则。为增加离心泵的允许汽蚀余量，吸入管路应尽量短而直，以减少阻力。吸入管路的直径不应小于泵入口直径。泵的安装标高要保证足够的吸入压头。泵的上方一般不布置大量管路，以便于泵的检修。

④ 管路安装完毕后，应按规定进行强度和严密度试验。化工管路在投入运行前必须保证其强度与密封性符合设计要求，因此，当管路安装完毕后须进行压力试验，称为试压，常见液压试验，少数特殊情况也可以进行气压试验。另外，为保证管路系统内的清洁，必须对管路系统进行吹扫与清洗，以除去铁锈、焊渣、土等污物。

⑤ 管路拆卸前，应先放净拆装管路中存余水，并检查阀门是否处于关闭状态。拆卸的总流程次序：断开电源，由上至下，先仪表后阀门。拆卸过程注意不要损坏管件和仪表。拆下来的管子、管件仪表、螺栓要分类放置好，以便于后续安装。

(3) 化工管路安装调试常用工具

① 机械类工具。包括呆扳手、活扳手、梅花扳手、套筒扳手、内六角扳手、扭力扳手、管钳等旋转紧固工具，检修用的木锤等，管道加工用的手动割管器、钢锯、砂轮机、切割机、转孔机、套螺纹机、弯管机、坡口机等。

② 量具工具。包括钢直尺、钢卷尺、布卷尺、木折尺等长度测量工具，角度尺、线锤等角度量具，水平尺、水平仪等水平测量工具，游标卡尺、千分尺、卡钳等管径测量工具。

③ 电气类工具。包括万用表、试电笔、试压泵等。

本实验要求了解流体输送管路结构与组装方法，熟悉化工管路中的管件、阀门、仪表、离心泵及其常用拆装工具，设计管路流程图和组装方案。根据设计的管路布置图安装流体输送管路系统，并能对安装的管路进行试压及安全检查，完成离心泵的灌泵、启动、流量调节及停车操作，最后安全有序地实施管路拆卸。

【实验装置及流程简介】

(1) 实验装置与工具

管路拆装实验装置部件包括不锈钢底座、支架，储水罐，直管，金属软管，弯头，变径，三通，四通，多种尺寸型号的球阀，截止阀，闸阀，安全阀，止逆阀，转子流量计，压力表，热电偶传感器，离心泵，灌泵漏斗，装置的电源控制箱，控制面板设有电源开关，仪表开关，温度显示仪表。实验室提供密封带、垫片等耗材，以及常见类型的扳手、试压泵、验电笔等工具。

实验装置实物照片、典型流程图及符号图例示例详见本实验文末二维码链接的数字资源。

（2）主要部件技术参数

① 卧式清水离心泵：型号 IS50-32-125，配有三相异步电机，额定功率 2.2kW。

② 直管、管件、阀门、法兰及储水罐等均为不锈钢材质。

③ 玻璃转子流量计：型号 LZB-25，量程 $0.1\sim1.0m^3/h$，精度 2.5 级。

④ 压力表：泵吸入口真空表测量范围 $-0.1\sim0MPa$，精度 0.3 级；泵排出口压力表测压范围 $0\sim0.4MPa$，精度 0.3 级。测温热电偶及显示表（AI-501）测量范围 0～100℃。

【实验设计要求】

通过分组，完成以下实验中的一项或多项。

（1）根据实验室提供的管件和零件，设计基于单一离心泵或双泵并联的流体输送装置流程图。

（2）设计实验方案，利用实验室提供的器材和元件，以小组为单位合作组装出基于单一离心泵的流体输送系统，并在调试及测定其性能后拆卸。

（3）设计实验方案，利用实验室提供的器材和元件，以小组为单位合作组装出双泵并联的流体输送系统，在调试及测定其性能后拆卸。

【实验方法及操作步骤】

（1）实验前的准备工作

① 实验前必须穿戴劳保服装及用品，包括佩戴安全帽、防冲击护目镜及防护手套等。

② 了解实验室提供的管路拆装部件的规格和组装方式，选择所需的拆装工具。

③ 实验前须了解室内总电源开关与分控开关位置，启动仪表、机泵电源前必须清楚每个开关的作用。

④ 了解离心泵及其电动机使用注意事项，正确处理意外断电的方法。通电启动电动机前，先用手转动一下电机的轴，确认其转轴可灵活转动。通电后，立即查看电机是否转动，若未正常运转应立即断电，否则电机很容易烧毁。严禁短时间内频繁启动和关闭机泵。

⑤ 明确本实验的要求：根据指导教师提供的物件列出设备、仪表清单，学生以小组为单位进行装置流程图设计；掌握常用工具的使用方法；完成管线的组装、试压、冲

洗及拆卸操作，进行系统的试运行及停车操作。

（2）管路拆装实验基本流程

① 熟悉装置流程、主体设备及其规格、各类仪表的作用和安装方法。识读工艺流程图，主要了解工艺流程，设备的数量、名称和位号，各管线的管段号、管道规格，管件、阀门及控制点（测压点、测温点、流量分析控制点）的部位和名称，与工艺设备有关的辅助物料（水、气）的使用信息。

② 根据流程图及所需的工具填写领件申请单，凭领件单到置物架和工具柜处一次性领取物件。

③ 在划定的范围内进行管线组装。初步安装结束后，由指导教师进行检查。若发现有阀门、管件、压力表和法兰连接等装错或装反，则要求返修。

④ 到指导教师处填写水压试验压力。指导教师示意可行后试压。试压过程包括：试压泵与试压注水口之间的连接，向试压管段注水、排气。当管路系统进行水压试验时，可设置试验压力（试压泵表压）为 0.4MPa，在该压力下维持 10min，如未发现渗漏现象，水压检验即为合格。指导教师检查稳压过程合格后，示意开始卸压，完成安装。

⑤ 指导教师检查合格后，可示意进行通电开泵，测定系统的流量范围和压力上限等性能参数，检查整个管线状况，并记录相关信息。完成性能调试任务后，关闭离心泵出口调节阀，关闭离心泵电源。

⑥ 试运行完成后，经指导教师允许进行管路排液。排液结束后，可进行管线拆卸，拆除的物件可就地放置。拆卸完毕后，要清理现场，归还物件至原领用处。

【实验操作注意事项】

（1）拆装管路过程中应佩戴合适的劳动保护工具，保持物品摆放有序、实验场地干燥清洁。不准随意坐在地板和实验装置部件上。

（2）各系统组件要轻拿轻放，小心安装和拆卸，不可使用蛮力拆装。严禁随意安装与连接尺寸规格不匹配的管件及阀门。

（3）试压操作前，一定要关闭泵进口真空表的阀门，以免损坏真空表。加压时不要超过压力表量程上限。升压要缓慢，升压时禁止动法兰螺钉，避免敲击或站在堵头对面。稳压后方可进行检查。非操作人员不得在盲板、法兰、焊口、丝扣等易泄漏处停留。

（4）机泵电路采用五线三相制配电，通电运行前应确认实验设备接地良好。

（5）调试离心泵前，需进行灌泵操作，保证泵内气体排尽。启动前先关闭出口阀，待电机运行平稳后再开启出口阀。

（6）泵运转过程中勿触碰泵主轴部分，因其高速转动，可能会缠绕或伤害身体接触部位。

【实验记录与报告要求】

（1）实验记录

根据实验设计要求绘制实验使用的零件清单表，记录拆装部件信息。记录表格式可参考表 4.8。

（2） 实验报告要求

报告内容要求涵盖管道仪表明细列表的编制、组装操作规程等，具体要求如下：

① 根据教师提供的现场实物，包括管道、阀门、管件、仪表等，绘制出用于流体输送的管路结构 P&ID 图，整理清单信息，列表标注出所有的管段号及管径、管材信息，归纳阀门和检测仪表的数量、型号及其制造厂信息。准确列出组装管线所需的工具和易耗品。

② 描述具体实验中涉及的管路拆装流程，包括组装与拆卸时的注意事项。

③ 分析所组装管路系统的性能指标，分析调试与评价其性能的操作方法。

④ 列举安装、调试及拆卸过程中可能的风险事件。评估组装调试期间可能存在的行为、事件/因素等事项的风险，包括受害对象、人身伤害程度轻重等级 A（1～4 级赋值：轻伤 1，较重 2，很重 3，致命 4）、事故类型及其发生可能性等级 B（1～4 级：可能性很低 1，略有可能 2，可能性一般 3，很可能 4）。风险值＝A×B。风险等级评价：高（风险值＞6），中（风险值 4～6），低（风险值 1～3）。针对事故预防或人身安全防护拟采取的措施及应急预案。

表 4.8　管路拆装实验零件清单记录表

实验时间：　　　　实验仪器编号：　　　　同组人：

序号	部件名称	材质、规格及型号	数量	制造厂信息
1				
…				

【思考题】

（1） 预习思考题

① 管路拆装的主要内容和常用工具有哪些？

② 根据管路拆装内容绘制相应的实验操作思维导图，列举安装方案中需注意的问题。

③ 绘制单泵及双泵实验装置示意图和实验用零件、工具领用表。

④ 根据管路拆装流程设计思考实验操作中存在的安全风险和预防措施。

（2） 实验后思考题

① 管路连接方式有哪些？各有何特点？

② 管路拆装的原则是什么？安全风险有哪些？

③ 组装管路的常用工具有哪些？各自用途是什么？

④ 组装管路的试压方法有哪些？

请扫描二维码获取本实验相关数字资源，内容包括：

（1） 管路拆装实验装置的实物照片及装置流程示意图

（2）实验步骤流程框图及思维导图

（3）文献导读信息

4.4 恒压过滤实验

【实验目的】

（1）掌握过滤原理，熟悉板框压滤机结构和操作方法。

（2）掌握实验测定过滤常数 K、q_e、τ_e 及压缩性指数 s 等的方法。

（3）设计实验，分析操作压差、滤浆浓度、过滤介质材质等因素对过滤参数的影响。

（4）培养团队合作能力，注重工程观念培养。

【实验原理】

工业生产中，常需脱除物料中多余水分。对于含水量高的非均相物料，过滤等机械分离的单元操作既可除水又经济有效，是工业生产中常采用的手段。作为分离非均相体系的重要单元操作，过滤利用多孔性过滤介质，借由外力（压差等）为推动力，截留悬浮液等非均相混合体系中的固体颗粒，同时获得一定纯度的液相产品，实现固-液两相分离。过滤实验可加深对过滤原理的理解，掌握过滤常数的测定方法，分析如何优化过滤条件以提高过滤效率。

过滤是流体通过固体颗粒层的流动。过滤所处理的悬浮液为滤浆，过滤所得固体颗粒层为滤渣或滤饼，通过过滤介质的液体为滤液。过滤操作中，随着固体颗粒不断地被截留在过滤介质表面，滤饼层厚度增加，滤液流过固体颗粒之间的孔道加长，引起过滤阻力增加。因此，恒压过滤的过滤速率逐渐下降，获得相同滤液量所需的过滤时间增加。若要保持过滤速率恒定，则需要逐渐提高过滤操作压力。

过滤操作的分离效果与过滤设备结构、过滤物料及过滤介质的特性以及过滤操作压差等条件相关。对于一定结构的过滤设备，需实验测定过滤参数，如 K、q_e、τ_e 及压缩性指数 s 等，进而进行过滤计算。

恒压过滤条件下滤液量与过滤时间的关系如恒压过滤方程式(4.19) 所示：

$$(q+q_e)^2=K(\tau+\tau_e) \tag{4.19}$$

式中，q 为单位过滤面积获得的滤液体积，m^3/m^2；q_e 为单位过滤面积的当量滤液量（或虚拟滤液体积），m^3/m^2；K 为过滤常数，m^2/s；τ 为过滤时间，s；τ_e为当量过滤时间（获得与过滤介质阻力相当的滤饼所需过滤时间，又称为虚拟过滤时间），s。

为了线性化实验数据，将式(4.19) 微分，得

$$\frac{d\tau}{dq}=\frac{2}{K}q+\frac{2}{K}q_e \tag{4.20}$$

式(4.20) 表明，恒压过滤时 $\frac{d\tau}{dq}$ 与 q 呈线性关系。当各数据点的时间间隔不大时，$\frac{d\tau}{dq}$ 可以用差分增量之比 $\frac{\Delta\tau}{\Delta q}$ 代替。因此，在线性直角坐标系上标绘 $\frac{\Delta\tau}{\Delta q}$ 对 $\overline{q}$（相邻两个 q 值的平均值）的关系，所得直线斜率为 $\frac{2}{K}$，截距为 $\frac{2}{K}q_e$，从而求出 K、q_e，并由式(4.21) 计算 τ_e：

$$q_e^2=K\tau_e \tag{4.21}$$

将过滤常数 K 的定义式(4.22) 两边取对数线性化，得到式(4.23)：

$$K=2k\Delta p^{1-s} \tag{4.22}$$

$$\lg K=(1-s)\lg\Delta p+\lg 2k \tag{4.23}$$

其中，滤饼常数

$$k=\frac{1}{\eta\gamma v} \tag{4.24}$$

式中，Δp 为操作压差，Pa；s 为滤饼的压缩性指数；η 为滤液黏度，Pa·s；γ 为单位压差下的滤饼比阻，Pa/m^2；v 为每获得 $1m^3$ 滤液对应的滤饼体积，m^3。

对于同一种滤浆，滤饼的压缩性指数、滤液黏度、单位压差下的滤饼比阻均可视为常数，反映过滤物料特性的滤饼常数也可认为是常数。因此，在直角坐标系中可标绘出线性的 $\lg K \sim \lg\Delta p$ 关系曲线，其斜率为 $1-s$，Y 轴上截距为 $\lg 2k$，从而得到 s、k。

【实验装置及流程简介】

(1) 实验装置

恒压过滤实验装置流程如图 4.4 所示。可设置离心泵和空气压缩机两种过滤压差的产生方式。由离心泵产生过滤压差时，操作简便，但随着过滤的进行，过滤压差逐渐增大；由空气压缩机产生过滤压差时，过滤压差可维持稳定。滤浆置于储料罐中，由搅拌器进行搅拌。当离心泵开启后，滤浆经 V107 阀门，沿 V104 和 V103 输送至板框压滤机中进行过滤，滤液流至计量桶中；当空气压缩机开启后，在压力差推动下，滤浆经 V108 和 V103 输送至板框压滤机中进行过滤，滤液流至计量桶中，并利用计量容器或电子秤实时读取计量刻度或重量，获得滤液量数据。

(2) 主要部件技术参数

① 空气压缩机：型号 Z-0.036/8。

② 压滤机：过滤板规格长×宽×厚为 160mm×180mm×11mm；过滤框有效内径为 137mm；滤布采用工业用压滤机滤布，涤纶材质。

③ 轻型卧式多级离心泵：型号 CHL4-30LSWSC。

④ 搅拌器：电机型号 51K90RGN-CF，功率 90W，转速调节范围为 0～90r/min。

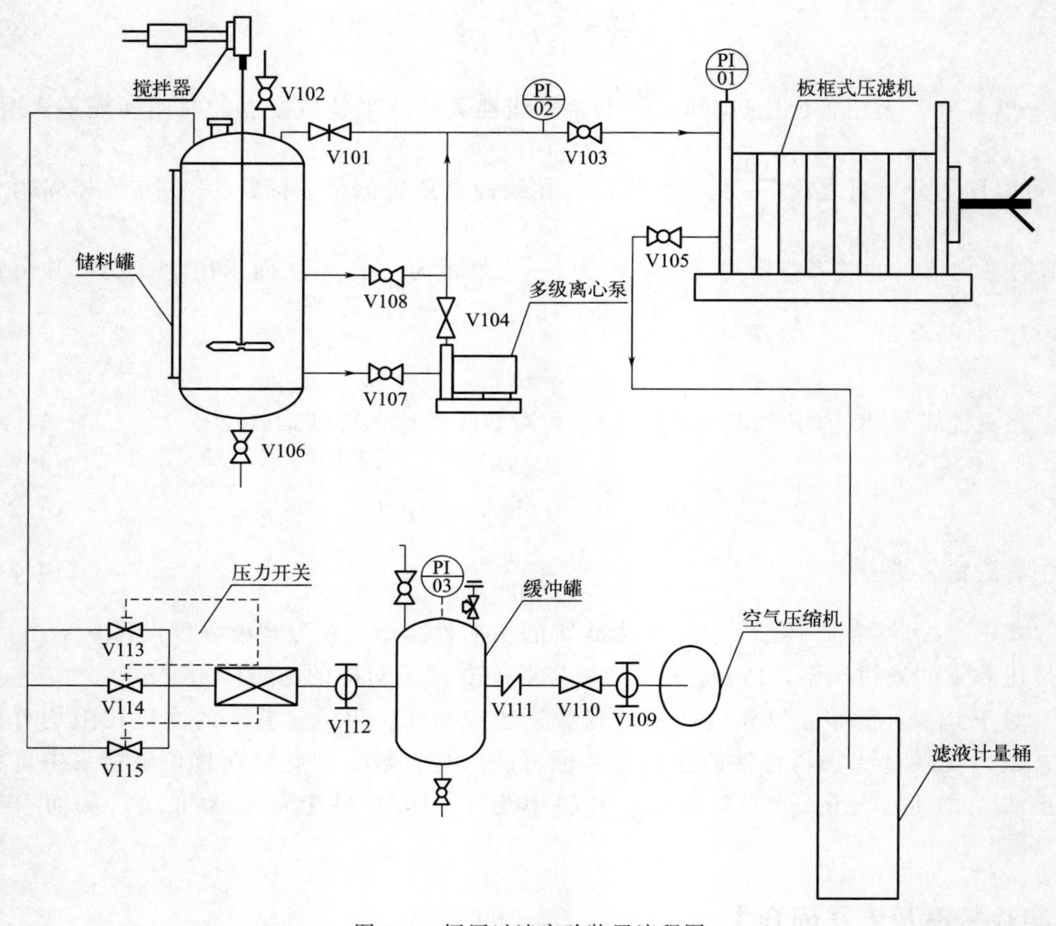

图 4.4 恒压过滤实验装置流程图

【实验设计要求】

分组完成实验，每组同学至少完成以下实验设计中的一项。

（1）设计实验，采用离心泵产生过滤压差，配制滤浆质量浓度为 1.5%的碳酸钙，测定过滤常数，并分析不同压差对过滤的影响。

（2）设计实验，分别采用离心泵和空气压缩机产生过滤压差，完成过滤常数的测定。对比分析在过滤推动力相同的条件下不同的过滤压差产生方式对过滤过程的影响。

（3）设计实验，改变过滤介质，探究不同材质、类型过滤介质对过滤常数的影响。

（4）设计实验，探究不同滤浆浓度（如质量浓度为 1.0%、2.0%、2.5%和 3.0%等的碳酸钙）对过滤的影响。

【实验方法及操作步骤】

（1）实验前的准备工作

① 按照流程示意图检查装置中各设备、仪表及零件是否齐全、完好。熟悉其使用

方法，了解有关注意事项。接通系统电源，按照顺序依次打开总电源、仪表开关、搅拌器电源开关，启动电动搅拌器，将储料罐内的浆液搅拌均匀。

② 将滤布洗净、充分润湿，所有过滤板、框洗涤干净，通道上不留存固体颗粒。使用经水润湿的滤布将滤板自下而上包覆，务必确保滤布上的孔与滤板上的孔对准，否则会出现漏液或管路阻塞，严重影响实验数据。将包有滤布的滤板和洁净的滤框按照“板-框”交替排列的顺序，从靠近进料口处开始逐块交替安置到支撑架上，然后旋紧螺杆，将板框固定。

（2）离心泵压差过滤操作控制

① 打开放空阀 V102，关闭板框压滤机入口阀 V103。关闭多级离心泵出口阀 V104，启动离心泵（注意离心泵的封闭启动方式），全开阀 V104、V101 循环滤浆使其充分混合均匀，然后部分关闭阀 V101（通过其调节滤浆向储料罐的回流量，调整过滤压力），使框前压力表 PI02 的初始示数显示约为 0.020MPa。

② 阀 V103 全开时，过滤过程开始。注意及时观察板框过滤部分是否存在泄漏问题（若出现漏液，应立即关闭阀 V103 停止过滤，拆卸板框部件和滤布，找到漏液原因，然后按准备步骤重新洗涤并安装滤布和板框）。当计量桶内液体量为 3L 时，开始按秒表计时（过滤初期未形成完整滤饼，滤液呈现浑浊），记录控制面板上此时框前压力（即表 PI02 的示数）。过滤期间可微调阀 V101 控制操作压力维持稳定，记录滤液每增加 1L 或 1kg 时所用的时间。连续记录 10 组数据后停止计时，并立即关闭阀 V103。

③ 关闭离心泵电源，回收过滤产生的滤饼和滤液。缓慢旋开板框的螺杆，逐块依次拆下滤框和包有滤布的滤板，并在滤液中洗涤干净，将刷洗过的滤框和滤板安放到支架上待用。将全部滤布和滤框上的滤饼洗脱后，利用量杯把滤液计量桶和板框下方漏液收集器中的滤浆全部转移至原料罐中，以便保持滤浆浓度一致。

④ 重新安装滤布与板框。开启离心泵电源，通过调节阀 V101 改变恒压过滤操作的压差，重复上述②、③步骤的操作 4 次，建议过滤压差取值范围 0.010～0.060MPa，得到不同操作压差下的数据共计 5 组。注意，每次改变操作压差测量结束后，应回收过滤产生的全部固、液物料。

⑤ 依次关闭设备各部件电源开关，整理实验用品，做好装置和周围场地的清洁。

（3）空气压缩机压差过滤操作控制

① 做好实验前准备工作，关闭放空阀 V102，保持阀 V101、V103、V104、V108 关闭，将储料罐上部进料口的螺栓拧紧使封口盖密闭，确保整个装置不漏气（储料罐密封严实）。

② 开启空气压缩机开关，打开截止阀 V110。旋转调压阀 V109，将压力调至约 0.10MPa。旋转调压阀 V112，设置过滤压差，建议过滤推动力取值范围 0.010～0.060MPa，压力开关可稳定控制整个体系内的压力。

③ 打开阀 V103 和 V108，过滤过程开始。当计量桶内液体在 3L 时，开始按秒表计时（过滤初期未形成完整滤饼，滤液呈现浑浊）。记录滤液每增加 1L 时所用的时间。连续记录 10 组数据后停止计时，并立即关闭阀 V108。

④ 打开放空阀 V102 释放储料罐内的压缩空气，开启储料罐上部进料口。缓慢旋开板框的螺杆，逐块依次拆下滤框和包有滤布的滤板，并在滤液中洗涤干净，将刷洗过的滤框和滤板安放到支架上待用。将全部滤布和滤框上的滤饼洗脱后，利用量杯把滤液计量桶和板框下方漏液收集器中的料浆全部转移至原料罐中，以便保持滤浆浓度一致。

⑤ 关闭放空阀 V102 和储料罐进料口，通过调压阀 V112 改变过滤压差，重复操作上述③④步骤 4 次，得到不同操作压差下的数据共计 5 组。注意，每次改变操作压差测量结束后，应回收过滤产生的全部固、液物料。

⑥ 依次关闭设备各部件电源开关，整理实验用品，做好装置和周围场地的清洁。

【实验操作注意事项】

（1）管路阀门的开启、关闭顺序要正确。

（2）过滤过程的操作压差不宜过大，应保持系统内压强稳定在一定范围。

（3）电动搅拌器为无级调速。使用前先检查调速钮处于最小状态，打开电源开关，再打开调速器开关。调速钮一定要由小到大缓慢调节，切勿反方向调节或调节过快损坏电机。

（4）启动搅拌前，可手动旋转一下搅拌轴，以保证顺利启动搅拌器。

【实验数据记录与处理】

（1）实验数据记录

实验数据记录可参考表 4.9。

表 4.9　恒压过滤实验数据记录表格示例

日期：　　　　装置号：　　　　同组人：

水温：　℃　　　　过滤料浆中的碳酸钙($CaCO_3$)浓度：

过滤介质总面积：　m^2　　　　过滤压差产生方式：

实验批次	压差 Δp/MPa	滤液体积/L	3.0	4.0	5.0	6.0	7.0	8.0	9.0	10.0
第 1 组		累计过滤时间/s								
第 2 组		累计过滤时间/s								
第 3 组		累计过滤时间/s								
第 4 组		累计过滤时间/s								
第 5 组		累计过滤时间/s								

（2）实验数据处理

① 整理实验数据。

② 根据实验原理计算过滤常数 K、q_e、τ_e、k 及压缩性指数 s。选取其中一组测定数据为例，列出计算过程。

③ 分析比较采用离心泵或空气压缩机产生不同过滤压差时对过滤过程和 K、q_e、τ_e 等参数的影响。

【思考题】

（1）预习思考题

① 查文献了解我国过滤技术，探究板框压滤机目前的技术发展及其在污水处理、环境污染治理、煤矿等行业的应用情况。

② 按照实验设计要求画思维导图，列出实验设计要求各方案中需要测定的参数。

③ 画实验装置图。

④ 过滤实验中搅拌器是否一直处于开启状态？为什么？

（2）实验后思考题

① 过滤实验中，随着过滤的进行，滤饼的厚度如何变化？框前压力表 PI01 示数如何变化？

② 在某一压差下测得 K、q_e、τ_e 值后，若将过滤压差提高 1 倍，上述 3 个变量数值将有何变化？

③ 恒压过滤实验中，在进行数据拟合处理时是否会发现累积过滤时间数据第一点数值偏高或偏低？为什么？

④ 分析实验获得的数据和结论是否异常，探究产生的原因并分析。

⑤ 对实验完成情况和团队合作情况进行自我评估。

请扫描二维码获取本实验相关数字资源，内容包括：

（1）实验装置的实物照片

（2）过滤设备及工作原理视频

（3）实验步骤流程框图及思维导图

4.5 传热综合实验

【实验目的】

（1）掌握传热原理，熟悉传热实验的装置结构和操作方法。

（2）掌握不同流量下的空气和水蒸气对流传热时的表面传热系数 h_i 的实验测定方法，计算传热关联式 $Nu=CRe^{m}Pr^{0.4}$ 中的常数，建立对流传热主要影响因素之间的定量函数关系。

（3）了解气液两相流下气液流动特点以及流动行为对传热的影响。

（4）培养优化设计概念，重视传热设备在节能减排中的发展应用。

【实验原理】

热量传递是自然科学和工程技术领域中普遍的传递现象。作为化工生产中重要的单元操作之一，传热可将热量加入或移出系统，以满足反应、分离、输送等操作需求，也可通过能量集成提高能量利用率。传热需求的多样化衍生了多种换热设备，其中间壁式换热器的应用最广泛。间壁式传热过程中，冷、热流体互不混合，热流体与固体壁面间对流传热，再经固体壁面导热，以及固体壁面与冷流体间对流传热，实现冷热流体间的热量传递。

表面传热系数 h 是对流传热过程的重要参数，是流体的物性，流动状态，流动空间的形状、尺寸及位置等影响因素的综合反映，对于间壁式换热器结构设计与操作条件优化具有指导意义。求解对流传热表面传热系数的主要方法是实验法，先通过量纲分析归纳无量纲影响因素及特征数方程，再结合实验数据确定具体函数关系式。

本实验使用套管式换热器测定对流传热表面传热系数，加深对对流传热过程影响因素的理解，掌握传热关联式内涵及其强化方法。

(1) 管内对流表面传热系数 h_i 的测定

套管式换热器的管内传热速率可根据牛顿冷却定律由式(4.25)计算：

$$\Phi_i = h_i A_i \Delta T \tag{4.25}$$

式中，Φ_i 为管内传热速率，W；h_i 为管内对流表面传热系数，W/(m^2·℃)；A_i 为传热面积（以内管的内表面积计），m^2；ΔT 为壁温与流体的平均温差，℃。

传热面积 A_i 可由式(4.26)计算：

$$A_i = \pi d_i l \tag{4.26}$$

式中，d_i 为内管的内径，m；l 为传热管实际测量段的长度，m。

壁温与流体的平均温差可由式(4.27)对数平均温差计算：

$$\Delta T = \frac{(T_w - T_{i1}) - (T_w - T_{i2})}{\ln \dfrac{T_w - T_{i1}}{T_w - T_{i2}}} \tag{4.27}$$

式中，T_w 为壁面平均温度，℃；T_{i1}、T_{i2} 分别为冷流体的入口、出口温度，℃。

套管式换热器可以实现冷、热流体的严格并（逆）流操作，其中逆流操作可提供较高的对数平均温差。

套管式换热器的管内传热速率也可根据热量衡算式(4.28)计算：

$$\Phi_i = q_{mi} c_{pi} (T_{i2} - T_{i1}) \tag{4.28}$$

式中，c_{pi} 为冷流体的比定压热容，J/(kg·℃)；q_{mi} 为空气的质量流量，kg/s。

本实验所用冷流体为新鲜空气，由转子流量计的流量和室温下的空气密度根据式(4.29)计算室温下新鲜空气的体积流量 q_V：

$$q_V = q_0 \sqrt{\frac{\rho_0}{\rho_i^*}} \tag{4.29}$$

式中，q_0 为转子流量计的流量；ρ_0 为流量计出厂标定用空气（101325Pa，20℃）的密度，kg/m^3；ρ_i^* 为室温下的空气密度，kg/m^3。

空气的质量流量 q_{mi} 由式(4.30) 计算：

$$q_{mi}=q_V\rho_i^* \tag{4.30}$$

则管内空气的平均流速 u_i 可由其质量流量换算得到，如式(4.31) 所示：

$$u_i=\frac{q_{mi}}{\rho_i\pi d_i^2/4} \tag{4.31}$$

式中，ρ_i 为冷流体在套管内的平均密度，kg/m^3。ρ_i 可根据管内冷空气定性温度 T_m 查得，$T_m=\dfrac{T_{i1}+T_{i2}}{2}$。

冷、热流体在换热器中进行稳态传热时，若忽略热损失，管壁通过对流传热传递给管内冷空气的热量与管内冷空气进、出口温度变化产生的传热量相等，即式(4.32)，可据此计算管内对流传热表面传热系数 h_i。

$$\Phi_i=h_iA_i\Delta T=q_{mi}c_{pi}(T_{i2}-T_{i1}) \tag{4.32}$$

(2) 实验特征数关联式的整理

对流传热过程中的雷诺数计算如式(4.33) 所示：

$$Re=\frac{d_iu_i\rho_i}{\eta_i} \tag{4.33}$$

式中，Re 为雷诺数；d_i 为内管内径，m；u_i 为管内空气平均流速，m/s；ρ_i 为管内空气平均密度，kg/m^3；η_i 为管内空气平均黏度，Pa·s。

努塞尔数的计算如式(4.34) 所示：

$$Nu=\frac{h_id_i}{\lambda_i} \tag{4.34}$$

式中，Nu 为努塞尔数；λ_i 为管内空气平均热导率，W/(m·K)。

普朗特数的计算如式(4.35) 所示：

$$Pr=\frac{c_{pi}\eta_i}{\lambda_i} \tag{4.35}$$

式中的 c_{pi}、η_i 和 λ_i 可根据管内冷空气的定性温度 T_m 查得。

管内湍流传热，流体被加热时，对流传热的实验特征数关联式如式(4.36) 所示：

$$Nu=CRe^mPr^{0.4} \tag{4.36}$$

式中，C、m 为常数，可由实验数据先计算出 Re、$Nu/Pr^{0.4}$，再通过图解或解析法获得。

图解法：在双对数坐标纸上，横坐标标绘 Re，纵坐标标绘 $Nu/Pr^{0.4}$，标绘实验数据点可得到一条直线，其斜率为 m，在纵轴上截距为 C。亦可将 Re 和 $Nu/Pr^{0.4}$ 分别取对数后，在普通直角坐标纸上进行标绘。

解析法：利用最小二乘法将数据点 [$\lg Re$，$\lg(Nu/Pr^{0.4})$] 进行计算，直接得到斜率 m 和截距 C。

(3) 气液两相流传热性能的研究

在垂直管道内的气液两相流传热是一种气、液两相复杂传热过程，因其复杂性和流动不稳定性，其经验关联式和理论关联式研究并不全面。

垂直向上的气液两相流动一般包括泡状流、弹状流、搅拌流及环状流等。泡状流是指在液相中小气泡均匀分散的流动；弹状流是指液相中的大多数气泡以子弹状流动，并在弹形泡与弹形泡之间、弹形泡与管壁之间存在小气泡；搅拌流是指弹形泡持续发展，表现为狭条状，且流型较混乱；环状流是指连续气相中含有液滴，且沿管中心向上流动。

影响气液两相流的主要因素有很多，包括流体物性、管路放置方式、尺寸、气液流速等。当管路直径和流体确定后，不同流型的转变主要取决于气液流量，常对不同气液流量下的流体行为和传热展开相关研究。

【实验装置及流程简介】

(1) 实验装置

传热综合实验装置流程如图 4.5 所示。采用铜管-钢管、铜管-玻璃管两种不同材质的套管式换热器。

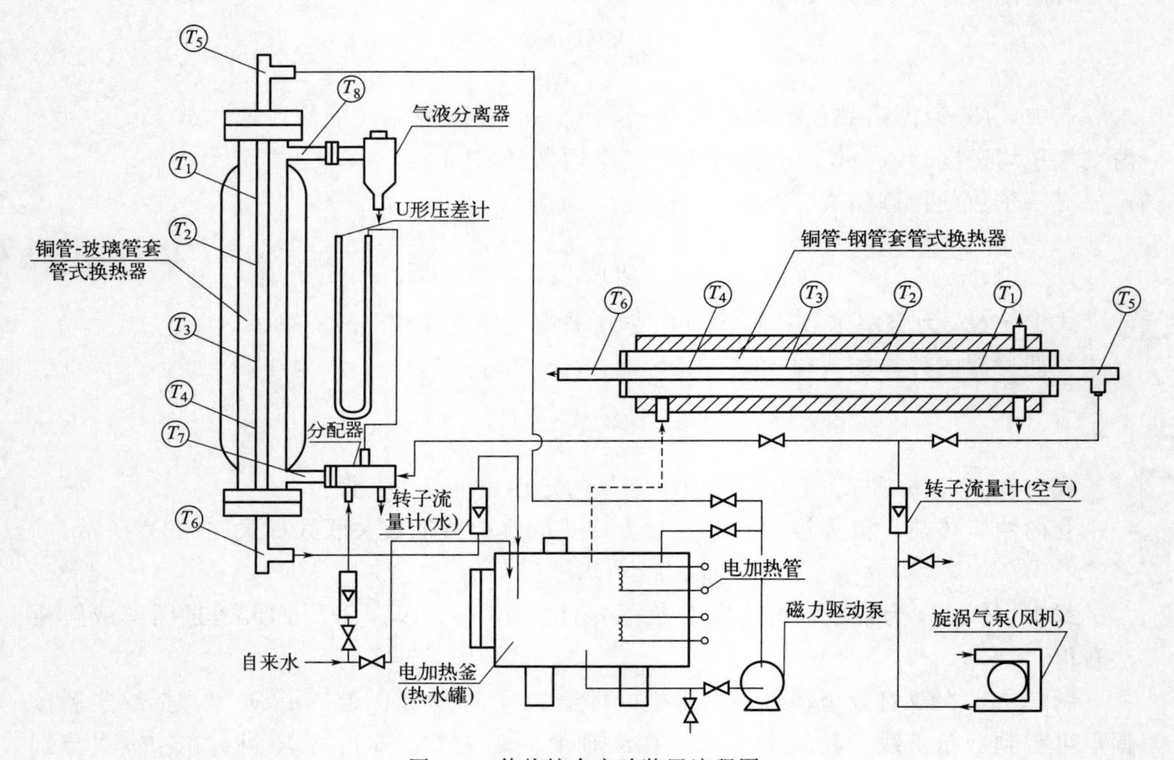

图 4.5 传热综合实验装置流程图

铜管-钢管套管式换热器（横管）的冷、热流体分别是空气和水蒸气。水蒸气在电加热釜中产生，流过换热器的壳程。当旋涡气泵开启后，冷空气经过转子流量计输送至换热器的管程中，经过换热后，从管程出口流出换热器。

铜管-玻璃管套管式换热器（竖管）的冷、热流体分别是热水和气液两相流。热水在电加热釜中产生，经磁力驱动泵输送至换热器上部，进入换热器内管铜管中，换热后经过转子流量计循环至电加热釜中。当旋涡气泵开启后，空气经过转子流量计输送至分配器，与外接自来水在分配器处相遇，气液两相流从下部进入外管玻璃管中换热，换热后经气液分离器可分别得到换热后的气相和液相。

（2）主要部件技术参数

① 铜管-钢管套管式换热器：内管为紫铜管，管内径 $d_i=16mm$，壁厚 1.5mm，外径 $d_o=19mm$，有效长度均为 1.3m；外管为不锈钢管，规格为 $\phi38mm\times2mm$。

② 铜管-玻璃管套管式换热器：内管为紫铜管，管内径 $d_i=16mm$，壁厚 1.5mm，外径 $d_o=19mm$，有效长度均为 1.3m；外管为玻璃管，规格为 $\phi40mm\times2mm$，最外边的保温管内径为 $\phi60mm$。

③ 旋涡气泵（风机）：型号 HG-750，最大气压 22kPa，功率 0.75kW（使用单相电源）。

④ 磁力驱动泵：型号 16CQ-8P，流量 25L/min，扬程 8m，功率 0.12kW，电压 220V，禁止空载。

⑤ 电加热釜（热水罐）：热水和蒸汽的产生装置，使用体积为 20L。

⑥ 电加热管：内装 2 支，各 2kW，电压 220V。

⑦ 转子流量计（空气）：型号 LZB-25，$4\sim40m^3/h$。

⑧ 转子流量计（水）：型号 LZB-25，60～600L/h；型号 LZB-4，4～40L/h。

【实验设计要求】

分组完成实验，每组同学至少完成以下实验设计中的一项。

（1）设计实验，测定不同流量下空气和水蒸气对流传热时的管内表面传热系数 h_i，计算传热关联式（即特征数方程）$Nu=CRe^mPr^{0.4}$ 中的常数。

（2）设计实验，调节热水流速及气液两相流动状态，测定换热器不同位置的温度，探究热水和气液两相流的传热规律。

（3）设计实验，其他参数相同时分别测定并流和逆流操作下的表面传热系数，对比其传热温差和表面传热系数的区别，并分析原因。

【实验方法及操作步骤】

（1）实验前的准备工作

检查电加热釜内水位高度，应不低于釜液位计 3/4 液位高度，如水位不足，需从电加热釜上方的入水口补充注水。两根电加热管必须完全浸入水中，才能开始加热，否则会损坏加热管。

（2）铜管-钢管套管式换热器传热实验（横管）

① 熟悉装置结构。开启总电源。开启自动控温及手动控温电闸，使电加热釜加热。

② 将电加热釜自动控温给定温度调至 103℃，将手动控温的电位器调至约 6.5A，对电加热釜内的水进行加热及控温。

③ 待电加热釜内水温接近 100℃且稳定后，打开套管换热器巡检测温仪表开关，仪

表可依次循环显示套管换热器 $T_1 \sim T_6$ 的温度。当 $T_1 \sim T_4$ 的温度稳定在100℃时，套管换热器内蒸汽流量稳定，可开始传热实验。

④ 将旋涡气泵的出口阀全开，再启动旋涡气泵。当风机稳定运转后，调节空气流量（调节范围建议 8～26m^3/h），测量换热器不同位点的温度，从而计算对流表面传热系数。

⑤ 操作及数据记录结束后，先关闭旋涡气泵电源，再完全开启旋涡气泵的出口阀。将自动控温给定温度设置为室温，关闭手动控温。当电加热釜中的水温低于 60℃后，可关闭控温开关，关闭总电源。

（3）铜管-玻璃管套管式换热器传热实验（竖管）

① 开启总电源。开启电加热釜开关，将温度设置为 60℃。当温度稳定后，启动磁力驱动泵（注意封闭启动），使热水循环。

② 将旋涡气泵的出口阀全开，启动旋涡气泵，同时接入自来水。适当调节空气流量，将流型调整为搅拌流或环状流。当套管换热器内各流量稳定后，可开始传热实验。

③ 记录不同流型下换热器内壁温度 $T_1 \sim T_4$，热水进、出口温度 T_5 及 T_6，两相流进、出口温度 T_7 及 T_8，同一流型至少记录 3 次。

④ 调节空气流量，改变流型，重复上述②③步骤，探究传热规律。

⑤ 操作及数据记录结束后，先关闭旋涡气泵电源，再完全开启旋涡气泵的出口阀。将自动控温给定温度设置为室温，关闭控温开关，关闭总电源。

【操作注意事项】

（1）实验开始前，要确保电加热釜中的水位不低于液位计 3/4 液位高度，以防止干烧损坏加热管。实验结束后，如果发现水位过低，应及时补加。

（2）开启旋涡气泵前，先将出口阀全开，再缓慢调至所需流量。

（3）禁止堵塞旋涡气泵的吸气口、出气口以及热空气出口，否则会损坏气泵。

（4）开始实验后，要保证换热器出口始终有水蒸气逸出，以确保实验数据的准确性。

（5）旋涡气泵运行期间应及时佩戴护耳器，防止噪声过大损害听力。

【实验数据记录与处理】

（1）实验数据记录

实验数据原始记录格式可参考表 4.10 和表 4.11。

表 4.10 传热实验数据记录表（横管）

日期：　　　　装置号：　　　　同组人：

管内径：　　m　　管有效长度：　　m

序号	空气流量/(m^3/h)	气相温度/℃		壁温/℃				热水温度/℃	室温/℃
		进口 T_5	出口 T_6	点 1T_1	点 2T_2	点 3T_3	点 4T_4		T_{i0}
1	9.0								
…	…								

表 4.11 传热实验数据记录表（竖管）

日期：　　装置号：　　同组人：

管内径：　m　　管有效长度：　m

序号	流型	空气流量/(m^3/h)	热水温度/℃		壁温/℃				两相流温度/℃		室温/℃
			进口 T_5	出口 T_6	T_1	T_2	T_3	T_4	进口 T_7	出口 T_8	T_{i0}
1	环状流										
…		…									

（2）实验数据处理

① 将测定的原始数据列于原始数据记录表中。

② 根据公式计算出 h_i、Nu、Re、Pr 等数值，列出数据表，并以其中某一组数据为例写出计算过程。应特别注意，温度不同时，空气的真实流量需要根据转子流量计的流量示数进行换算，同时可利用插值法查取各温度下空气物性数据。

③ 整理数据，通过作图或线性拟合确定 $Nu=CRe^{m}Pr^{0.4}$ 中 C 与 m 的值。

④ 对比 C、m 的实验测定结果和理论参考值，分析实验误差来源。

⑤ 比较分析各组别不同实验设计方案的实验数据。

【思考题】

（1）预习思考题

① 查阅文献，简介换热器类型、对流传热表面传热系数的影响因素和强化传热的方法。

② 按照实验设计要求画思维导图，列出实验设计要求各方案中需要测定的参数。

③ 画实验装置图。

④ 实验过程中需要测出几个位点的温度？分别在换热管的什么位置？

⑤ 实验过程中有哪些注意事项？简要说明。

⑥ 实验特征数关联式 $Nu=CRe^{m}Pr^{0.4}$ 中，C 和 m 的理论值分别是多少？

（2）实验后思考题

① 在空气-水蒸气实验中，所测得的壁温是接近蒸汽侧的温度，还是接近空气侧的温度？为什么？

② 如果采用不同流量、温度或压力的饱和蒸汽进行实验，对 h_i 关联式分别有何影响？

③ 在本实验换热条件下，若冷热流体的流量不变，而将逆流操作改为并流操作，换热器的传热系数 K 是否会发生变化？为什么？

④ 实验中如何判断传热过程是否达到稳定？影响本实验传热过程稳定的因素有哪些？

⑤ 从减少装置占地面积、节约实验能源等方面，对本实验装置提出改进措施。

请扫描二维码获取本实验相关数字资源，内容包括：

（1）实验装置实物照片

（2）套管换热器工作原理视频

(3) 实验步骤流程框图及思维导图

4.6 精馏综合实验

【实验目的】

(1) 掌握精馏操作原理，熟悉板式精馏塔和填料精馏塔的结构，识别精馏塔中各种汽、液流动现象。

(2) 了解气相色谱仪的工作原理，掌握内标法分析塔顶和塔釜的产品组成；掌握板式塔总板效率和填料塔等板高度的实验测定方法。

(3) 掌握回流比对精馏操作的影响。

(4) 通过实验操作及废液回收，培养学生团队合作精神和绿色环保精神。

【实验原理】

精馏是利用物质间的挥发度差异，通过汽液两相接触传质，实现均相混合物分离的重要单元操作之一。为了保证不同挥发能力的物质在汽液两相中的不断富集，精馏操作中的塔顶液相回流和塔底汽相回流不可或缺，分别由塔顶冷凝器和塔釜再沸器提供。

精馏操作可在汽液传质设备中进行，主要包括逐级接触操作的板式塔和连续微分操作的填料塔。精馏塔的性能评价主要包括处理量、分离效率、阻力降、操作弹性和塔内件结构等。板式塔中，鼓泡式塔板（以筛板塔、浮阀塔为代表）和喷射式塔板（以舌形、斜孔、网孔为代表）在工业上应用较多。填料塔的关键塔内件是保证两相传质的填料，包括散装填料和规整填料两大类，散装填料有拉西环、鲍尔环、鞍形填料、阶梯环、金属鞍环和压延孔环等，规整填料有板波纹填料等。

回流比作为精馏的重要操作参数和调控手段，是指塔顶回流入塔液体量与塔顶产品采出量之比，调节回流比可以改变精馏的分离效果与能耗。本实验进行全回流和部分回流两种操作，针对不同的汽液传质设备结构，通过回流比的优化调节保证汽液两相的有效接触而完成相际间传质。

(1) 全回流

全回流是一种极限情况，将料液一次性加入精馏塔塔釜，塔顶冷凝液全部从塔顶回流到塔内，且精馏过程无产品采出和原料补充，即为全回流操作。全回流条件下，塔内两相流体可在短时间内达到稳态，因此全回流常应用于工艺开车和科学研究。全回流时，回流比无穷大（$R=\infty$），当分离要求相同时，其所需的理论板数最少，故称全回流时所需的理论板数为最少理论板数（$N_{\min}$），可通过图解法或者根据芬斯克方程式(4.37)计算。

$$N_{\min}=\frac{\lg\left(\frac{x_{D1}}{1-x_{D1}}\times\frac{1-x_{W1}}{x_{W1}}\right)}{\lg\bar{\alpha}} \tag{4.37}$$

式中，N_{min} 为最少理论板数（含再沸器）；x_{D1} 为全回流时塔顶产品中易挥发组分的摩尔分数；x_{W1} 为全回流时塔釜中易挥发组分的摩尔分数；$\overline{\alpha}$ 为全塔平均相对挥发度，当 α 变化不大时可取塔顶和塔釜相对挥发度的平均值，对于乙醇-水物系为 2.4。

全回流时，全塔总板效率 E_T（板式塔）或理论级当量高度 $HETP$（填料塔）可分别由式(4.38) 和式(4.39) 计算。

板式塔总板效率：

$$E_T = \frac{N_{min}}{N_p} \tag{4.38}$$

填料塔理论级当量高度（也称等板高度）：

$$HETP = \frac{h}{N_{min}} \tag{4.39}$$

式中，E_T 为板式塔总板效率；N_p 为实际塔板数；$HETP$ 为填料塔理论级当量高度，m；h 为填料塔的填料层高度，m。

（2）部分回流

实际的连续精馏操作中有塔顶回流和产品采出，此时的塔顶回流量与产品采出量之比即为实际操作回流比。精馏塔设计中，当操作回流比减小，完成规定分离要求所需的理论板数将增加，同时再沸器热负荷减小，能耗降低。当操作回流比减至最小回流比（R_{min}）时，塔内某一塔板会形成恒浓区，汽液两相组成互成相平衡，塔板上的相际间传质停止而失去分离能力，此时所需理论板数无限多。

精馏塔设计和操作时，操作回流比 R 应介于最小回流比和全回流之间，考虑塔设备费和能耗操作费总和最小，操作回流比一般为最小回流比的 1.2～2.0 倍。当物系的分离要求、进料组成和操作条件确定后，可以根据相平衡关系利用图解法或解析法［式(4.40)］和汽液平衡方程［式(4.41)］确认最小回流比，进一步选择适宜的操作回流比［$R=(1.2\sim2)R_{min}$］，完成部分回流操作。

$$\frac{R_{min}}{R_{min}+1} = \frac{x_{D2}-y_q}{x_{D2}-x_q} \tag{4.40}$$

$$y_q = \frac{\overline{\alpha}x_q}{1+(\overline{\alpha}-1)x_q} \tag{4.41}$$

式中，R_{min} 为最小回流比；x_{D2} 为部分回流时塔顶产品中乙醇的摩尔分数（设定值，可取 0.6～0.8）；y_q 为与 x_q 平衡的气相中乙醇的摩尔分数，y_q 与 x_q 成相平衡关系；x_q 为原料中乙醇的摩尔分数。

为了测定部分回流条件下的全塔总板效率 E_T（板式塔）或理论级当量高度 $HETP$（填料塔），实验中需测定进料组成 x_q、塔顶产品组成 x_{D2} 以及釜液组成 x_{W2}。本实验为间歇精馏，需测定初始进料组成及产品组成。

由芬斯克方程确定最少理论板数 N_{min} 后，可用吉利兰关联式(4.42) 得到部分回流时所需的理论板数 N_T：

$$\frac{N_T-N_{min}}{N_T+1} = 0.75\left[1-\frac{(R-R_{min})^{0.5668}}{R+1}\right] \tag{4.42}$$

式中，N_T 为理论板数（含再沸器）；R 为实际回流比。

部分回流时，板式塔总板效率

$$E_T = \frac{N_T - 1}{N_P} \tag{4.43}$$

填料塔理论级当量高度

$$HETP = \frac{h}{N_T - 1} \tag{4.44}$$

精馏塔的实际分离效率可通过馏出液采出率（式 4.45）或易挥发组分回收率分析。馏出液采出率计算公式为

$$\frac{q_{nD}}{q_{nF}} = \frac{x_q - x_W}{x_D - x_W} \tag{4.45}$$

【实验装置及流程简介】

（1）实验装置

精馏综合实验装置流程如图 4.6 所示。精馏原料从储料罐经转子流量计加入到塔釜，经过加热，产生的蒸汽进入精馏塔，经塔顶冷凝器冷凝得到液相产品。通过调节回流比，可使塔顶冷凝液全部或部分回流到精馏塔内，完成全回流和部分回流操作。分别在接收槽（全回流产品接收槽和部分回流产品接收槽）和塔釜处取样，测试塔顶和塔底产品组成。本装置使用的原料为乙醇-水混合液，乙醇浓度用气相色谱测量。

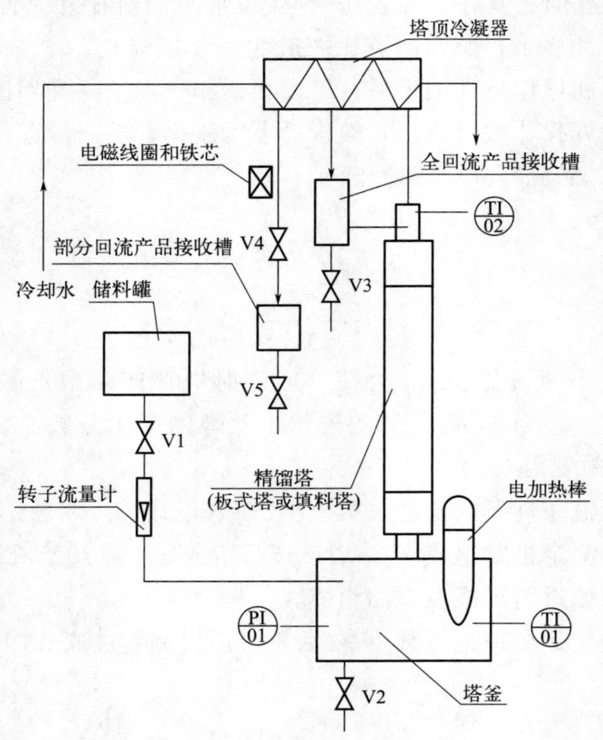

图 4.6　精馏综合实验装置流程示意图

（2）主要部件技术参数

① 精馏塔：材质为玻璃，直径 50mm，塔高 1.2m，五侧口，有两段透明膜电加热保温，每段加热功率 0.4kW。

② 填料塔中为不锈钢 θ 网环 3mm×3mm 填料。

③ 板式塔中板间距 100mm，板孔数 ϕ1.6mm/45～60 个，共 10 块塔板，在 1、3、5、7、9 塔板处设取样口，也可用于加料。

④ 塔釜容积 1000mL，内置式再沸器加热，电加热棒加热功率 0.8kW，自动控温。塔顶带冷凝器，摆锤式回流，并有自动控制，在 0～99s 内调节回流。

实物装置照片详见本实验文末二维码链接的数字资源。

【实验设计要求】

通过分组，完成以下实验中的一项或多项。

（1）设计实验，测定板式精馏塔的总板效率 E_T 和塔顶产品组成。

（2）设计实验，测定填料精馏塔的理论级当量高度 $HETP$ 和塔顶产品组成。

（3）设计实验，比较不同的操作回流比对塔顶产品组成、理论塔板数、总板效率、理论级当量高度的影响。

（4）设计实验，以乙醇含量为 10%、20%、30%的乙醇-水混合物为原料液进行精馏操作，计算并比较塔顶产品组成和理论塔板数。

（5）设计实验，利用本实验的填料塔精馏装置探究三元混合物系的精馏操作，计算并比较塔顶产品组成。若所得产品浓度不能达到要求，该如何处理？

① 进料为甲醇、乙醇、水混合物，质量分数分别为 50%、40%、10%。

② 进料为丁醇、乙醇、水混合物，质量分数分别为 30%、60%、10%。

【实验方法及操作步骤】

（1）实验前准备工作

① 检查装置各部件状态是否正常。

② 加料：在储料罐内加入原料，打开储料罐下部出口阀门 V1，调节进料转子流量计，向塔釜加入原料液（若原料液不能顺利流入塔釜，可利用洗耳球辅助抽取），料液应高过再沸器蒸汽导出管，即完全浸没加热棒，以避免加热棒烧毁。

（2）全回流操作

① 使用指定的清洁样品管从塔釜下端出口取 10mL 原料液，并用气相色谱分析其组成。

② 检查并开启塔顶冷凝器的循环冷却水装置。

③ 开启装置电源，打开塔顶、塔底测温和塔底控温开关。塔底初始控温目标值设置为 85～90℃，塔釜液相沸腾后根据塔内汽、液相流动实际情况做调整。

④ 运行装置所联计算机中的精馏实验软件，切换至测温界面，开始监控和记录塔

顶和塔釜温度。观察填料塔和板式塔中的汽、液相流动现象，并记录塔釜液沸腾、塔顶产物稳定流出时的时间。

⑤ 全回流实验取样。全回流操作至塔顶测温值达到最高点后，需保持温度稳定不变至少 20min 后，使用密闭取样管和磨口锥形瓶分别取塔顶、塔底样品各约 10mL（组成分别为 x_{D1}、x_{W1}），冷却至室温后用气相色谱分析其组成。

（3）部分回流操作

① 本实验为间歇精馏，规定塔顶产品的乙醇平均质量分数应大于 70%。根据式(4.40）和式(4.41）计算 R_{min}，开启回流比控制器，设置操作回流比为（1.2～2)R_{min}。

② 稳定操作至塔顶产品馏出量 50mL 以上，利用密闭取样管和磨口锥形瓶取塔顶、塔底样品（组成分别为 x_{D2}、x_{W2}）各 10mL。

③ 取样完成后，关闭回流比控制器。

④ 将塔顶、塔底样品冷却至室温，利用气相色谱分析样品中的乙醇含量，检验所得产品是否合格，注意样品中乙醇的质量分数不应超过 0.95。

（4）实验结束

① 将塔底控温目标值设置为 5℃，然后关闭加热与控温开关。待塔顶降温至室温后，关闭精馏装置的各个子开关按钮及总电源，再关闭循环冷却水。

② 关闭精馏实验软件及计算机。

③ 收集塔顶馏出液、塔底釜液及接收槽处的冷凝液，回收到指定容器。将气相色谱分析后剩余的产物样品以及加入了标准物质正丁醇的样品分别倒入指定容器回收。

④ 清洗锥形瓶及样品管，整理实验用品，并清扫实验室。

【实验操作注意事项】

（1）塔釜加热前，观察料液位置，料液应不低于塔釜液位的 2/3，须浸没加热棒，再开启加热设备，禁止反向操作。

（2）升温前，再次检查是否已向塔顶通入循环冷却水。不能在塔顶有蒸汽出现时再通冷却水，这样会造成塔头炸裂。当釜液开始沸腾后，可以视室温情况打开塔壁保温电源（顺时针方向调节保温电流控制旋钮，使电流维持在 0.1～0.3A）。

（3）釜热控温仪表的设定温度要高于原料液沸点温度 5～8℃，使加热器有足够的传热温差。

（4）用锥形瓶取塔釜样品后，应立即盖好磨口玻璃塞密闭，并冷却至室温再测试。

【实验数据记录与处理】

（1）实验数据记录

实验数据记录可参考表 4.12。

表 4.12　精馏实验数据记录表

实验时间：		精馏塔仪器号：		气相色谱仪编号：		同组人：	
样品名称	采样部位温度/℃	样品称重 m_s/g	正丁醇加入量 m_i/g	乙醇色谱峰面积	正丁醇色谱峰面积	峰面积比值 S	乙醇质量分数 w_t	乙醇摩尔分数 X_A
原料液								
全回流塔顶产品								
全回流塔釜产品								
部分回流塔顶产品								
部分回流塔釜产品								

(2) 实验数据处理

① 计算进料、塔顶、塔底样品的组成，计算理论塔板数。对于板式塔，计算板式塔的总板效率；对于填料塔，计算填料塔的理论级当量高度。

② 比较板式塔和填料塔的分离效果；比较不同的操作回流比、原料液浓度对塔顶产品浓度、理论塔板数和总板效率、理论级当量高度的影响。

③ 试计算部分回流馏出液的即时采出率，讨论回流比 R 对精馏塔总板效率或理论级当量高度的影响。

【思考题】

(1) 预习思考题

① 查阅文献，调研国内外工业酒精的制备方法及其生产装置的区别。

② 根据实验设计要求画出实验思维导图，包括实验步骤及实验设计方案中需要测定的参数等内容。

(2) 实验后思考题

① 实验操作过程中板式塔和填料塔气液两相流动的现象有何区别？

② 讨论回流比及原料组成等因素对精馏操作的影响。

③ 综合其他组同学的实验，比较各实验方案的结果，并进行讨论。

④ 以本实验装置为基础，进行连续精馏操作设计，试画出实验装置示意图，并简要说明改进之处。

⑤ 分析本实验误差的来源；分析全回流时最小理论板数的计算误差。

请扫描二维码获取本实验相关数字资源，内容包括：

(1) 实验装置实物照片

(2) 精馏的相关动画视频

（3）实验步骤流程框图及思维导图

（4）文献导读信息

4.7 气体的吸收与解吸实验

【实验目的】

（1）掌握吸收操作的气液传质原理，熟悉吸收塔和解吸塔结构，了解吸收-解吸联用操作流程。

（2）掌握填料吸收塔的压降与空塔气速关系的测定方法。

（3）掌握气体（氧气、二氧化碳）-水体系在填料吸收塔中的液相传质系数、传质单元数、传质单元高度及气体吸收率的测定方法，分析填料塔压降和吸收效果的影响因素。

（4）比较不同吸收剂的二氧化碳吸收效果，了解吸收工艺的碳捕集作用。

【实验原理】

气体吸收是重要的化工单元操作之一。吸收操作利用气体混合物中各组分在某种溶剂中的溶解度差异，或与溶剂中活性组分的化学反应活性差异，可分离气体混合物、净化合成用原料气、制取液相产品以及治理有害气体污染等。解吸操作是吸收操作的逆过程，将吸收塔塔底的出口液相（富液）送入解吸塔塔顶，与自解吸塔塔底上升的载气（惰性气体或蒸汽）逆流接触，在高温、低压操作条件下分离富液中溶解的溶质组分。工业上常采用吸收-解吸联用操作流程，在满足气体混合物分离要求的同时实现溶剂（吸收剂）的再生循环利用，达到过程集成、成本控制的目的。

填料塔是进行气体吸收与解吸的重要气液传质设备，具有生产能力大、分离效率高、压降小、持液量可调、操作弹性大等优点。为了实现气体混合物的分离任务，填料塔必须具备有效的塔高和塔径。填料塔主要由圆筒形塔体、填料、填料支撑板、液体分布器、气体分布器等部件组成，其中塔填料是完成塔内气液接触传质的核心部件。

对于工业吸收过程，气体进口条件（如温度、压力、组成等）通常由前一个工序决定，因此常通过调节吸收剂的进口条件，如改变液体喷淋量等，调控吸收过程和效果。本实验通过测定不同液相喷淋量时空塔气速与填料塔压降的关系，熟悉填料塔结构和流体力学性质，掌握填料塔稳定操作的基本要领。

本实验分别提供氧气吸收解吸和二氧化碳吸收解吸两类实验设备，以氧气吸收解吸为例，通过测定难溶气体吸收传质系数加深对气液传质理论的理解。

二氧化碳吸收解吸设备的介绍及实验操作详见本实验文末二维码链接。

（1）填料塔的流体力学特性

填料塔的压降和泛点气速是填料塔设计与操作的重要流体力学参数。气体通过填料层的压降与填料类型、尺寸、液体喷淋量及空塔气速有关。

气体通过填料层的压降 Δp 与空塔气速 u 的关系如图 4.7 所示。在液体喷淋量 L 一定的情况下，随着空塔气速增加，气体通过填料层的压降增大；在空塔气速一定的情况下，随着液体喷淋量增加，气体通过填料层的压降增大。

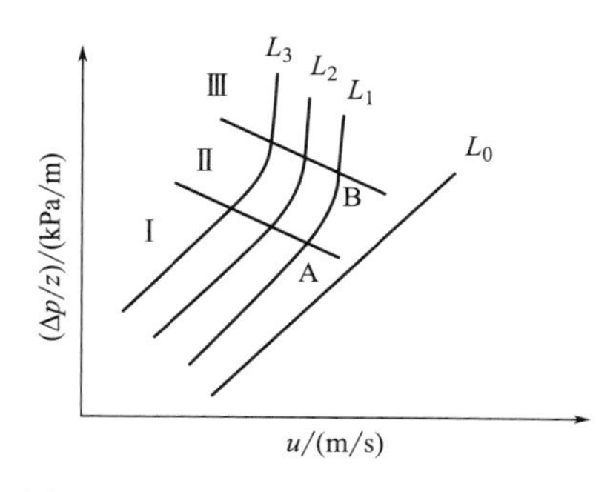

图 4.7　填料层的 $\Delta p/z \sim u$ 关系曲线

无液体喷淋 $L=0(L_0)$ 时，气体通过填料层的压降与空塔气速呈线性关系。有液体喷淋时，$\Delta p/z$ 与 u 的关系呈曲线变化（$L_1 \sim L_3$），并存在两个转折点，下转折点 A 称为"载点"，上转折点 B 称为"泛点"，进而将曲线分为 3 个区域，即恒持液区（Ⅰ）、载液区（Ⅱ）和液泛区（Ⅲ）。恒持液区内，空塔气速低于载点气速，气体流速不会显著影响填料表面覆盖的液膜厚度，填料层的持液量可认为不变，即 $\Delta p/z$ 与空塔气速 u 线性相关。随着空塔气速的增加，上升气相与下降液相之间的摩擦接触逐渐阻碍液体下降，引起填料层持液量上升，引发拦液现象。拦液现象开始时的空塔气速称为载点气速（即图中 A 点气速），当空塔气速超过载点气速时，$\Delta p/z$ 随空塔气速 u 的增加曲线上升。当气速进一步增大，此时液相开始被拦截于填料空隙内，使填料内持液量不断累积至几乎充满填料空隙时，引发填料层内气体流动压降急剧升高，导致填料塔发生液泛现象，此时压降曲线上近乎垂直上升的转折点 B 称为泛点，B 点对应的空塔气速称为泛点气速。发生液泛时，原本的分散液相变成连续相，而原本的连续气相变为分散相，传质分离效果明显降低，同时塔压变化剧烈、塔操作极不稳定，甚至破坏塔结构，引发安全事故。因此，填料塔操作中应避免液泛现象的发生。通常情况下，填料塔应在载液区操作，即操作气速应控制在载点气速和泛点气速之间。

(2) 难溶气体吸收传质系数的测定

传质系数是反映填料塔吸收性能的重要参数之一。影响传质系数的因素多且复杂，主要通过实验确定传质系数与各影响因素之间的关系。

根据相际传质双膜模型，气体吸收过程的传质速率主要由气、液两相内的传质速率决定，如式(4.46) 所示。当吸收溶质为难溶气体时，传质阻力几乎全部集中在液相，传质速率主要由液膜阻力控制，如水吸收 O_2、CO_2 等；反之，当吸收质为易溶气体时，吸收过程可认为是气膜阻力控制，如水吸收氨等过程。

$$\frac{1}{K_L}=\frac{1}{Hk_G}+\frac{1}{k_L} \tag{4.46}$$

式中，K_L 为液相总传质系数，$\text{kmol/(m}^2\cdot\text{s}\cdot\text{kmol/m}^3)$ 或 m/s；H 为亨利常数，$\text{kPa/(m}^3\cdot\text{kmol)}$；$k_G$ 为气膜传质系数，$\text{kmol/(m}^2\cdot\text{s}\cdot\text{kPa)}$；$k_L$ 为液膜传质系数，$\text{kmol/(m}^2\cdot\text{s}\cdot\text{kmol/m}^3)$ 或 m/s。

本实验以水为吸收剂，在填料塔中进行氧气、二氧化碳等难溶气体的吸收-解吸操作。

以水吸收原料气中的氧气为例，氧气的亨利常数 H 为

$$H=\frac{\rho}{EM_{S}} \tag{4.47}$$

式中，H 为氧气的亨利常数，kmol/(m^3·kPa)；ρ 为水的密度，kg/m^3；E 为氧气的亨利系数，kPa；M_S为水的摩尔质量，kg/kmol。

若塔内气压近似为标准大气压，则塔顶、塔底的液相平衡浓度为

$$c_{A1}^{*}=c_{A2}^{*}=Hp_{O_2}=H\times 101325y_{O_2} \tag{4.48}$$

式中，c_{A1}^{*}、c_{A2}^{*} 为与气相溶质分压成相平衡的液相主体中溶质的摩尔浓度，kmol/m^3；p_{O_2} 为气相主体中氧气的分压；y_{O_2} 为气相主体中氧气的体积分数（摩尔分数），即空气与纯氧气混合后的塔底进气中氧气的体积分数。

若以摩尔浓度差为传质推动力，则液相平均传质推动力为

$$\Delta c_{Am}=\frac{\Delta c_{A2}-\Delta c_{A1}}{\ln\dfrac{\Delta c_{A2}}{\Delta c_{A1}}}=\frac{(c_{A2}^{*}-c_{A2})-(c_{A1}^{*}-c_{A1})}{\ln\dfrac{c_{A2}^{*}-c_{A2}}{c_{A1}^{*}-c_{A1}}}=\frac{c_{A1}-c_{A2}}{\ln\dfrac{c_{A2}^{*}-c_{A2}}{c_{A1}^{*}-c_{A1}}} \tag{4.49}$$

式中，Δc_{Am} 为塔顶与塔底两截面上液相吸收推动力的对数平均值，kmol/m^3；Δc_{A1}、Δc_{A2} 分别为塔底采出液和塔顶进料液中吸收过程的推动力，kmol/m^3；c_{A1}、c_{A2} 分别为吸收塔的塔底采出液和塔顶进料液中氧气的摩尔浓度，kmol/m^3。

液相总传质单元数为

$$N_{OL}=\frac{c_{A1}-c_{A2}}{\Delta c_{Am}} \tag{4.50}$$

液相总传质单元高度为

$$H_{OL}=\frac{L}{K_{L}a\Omega} \tag{4.51}$$

塔的填料层高度为

$$h=H_{OL}N_{OL} \tag{4.52}$$

式中，N_{OL} 为液相总传质单元数；H_{OL} 为液相总传质单元高度，m；L 为液相体积流量（液体喷淋量），m^3/s；$K_{L}a$ 为液相总体积传质系数，kmol/(s·kmol)；a 为单位体积填料的有效传质比表面积，m^2/m^3；Ω 为吸收塔截面积，m^2；h 为吸收塔的填料层高度，m。

将式(4.50)～式(4.52) 整理，可得

$$K_{L}a=\frac{L}{h\Omega}\times\frac{c_{A1}-c_{A2}}{\Delta c_{Am}} \tag{4.53}$$

(3) 吸收率

$$\varphi=\frac{(c_{A1}-c_{A2})L}{(0.21q_{V1}+q_{V2})/22.4} \tag{4.54}$$

式中，q_{V1}、q_{V2} 分别为空气和氧气的体积流量，m^3/s。

对于本实验，吸收塔塔底处的氧气吸收率也等于单位时间内处理的进料液经过吸收后塔底采出液中溶解氧的质量增加值与单位时间内吸收塔进气中总含氧量的比值。

【实验装置及流程简介】

（1）实验装置

气体吸收-解吸实验装置流程如图 4.8 所示。氧气由气体钢瓶经减压阀减压后通过湿式气体流量计计量，随后与空气混合后进入吸收塔塔底。气体向上经填料层与液相逆流接触传质，到达塔顶处放空。吸收剂（纯水，贫液）经离心泵进入塔顶，向下喷淋，吸收氧气后的富液从塔底流入富液料池中，经解吸泵、流量计后进入解吸塔塔顶，新鲜空气经气泵、流量计后进入解吸塔塔底，在填料层与富液逆流接触传质，完成富液解吸和吸收剂的再生。

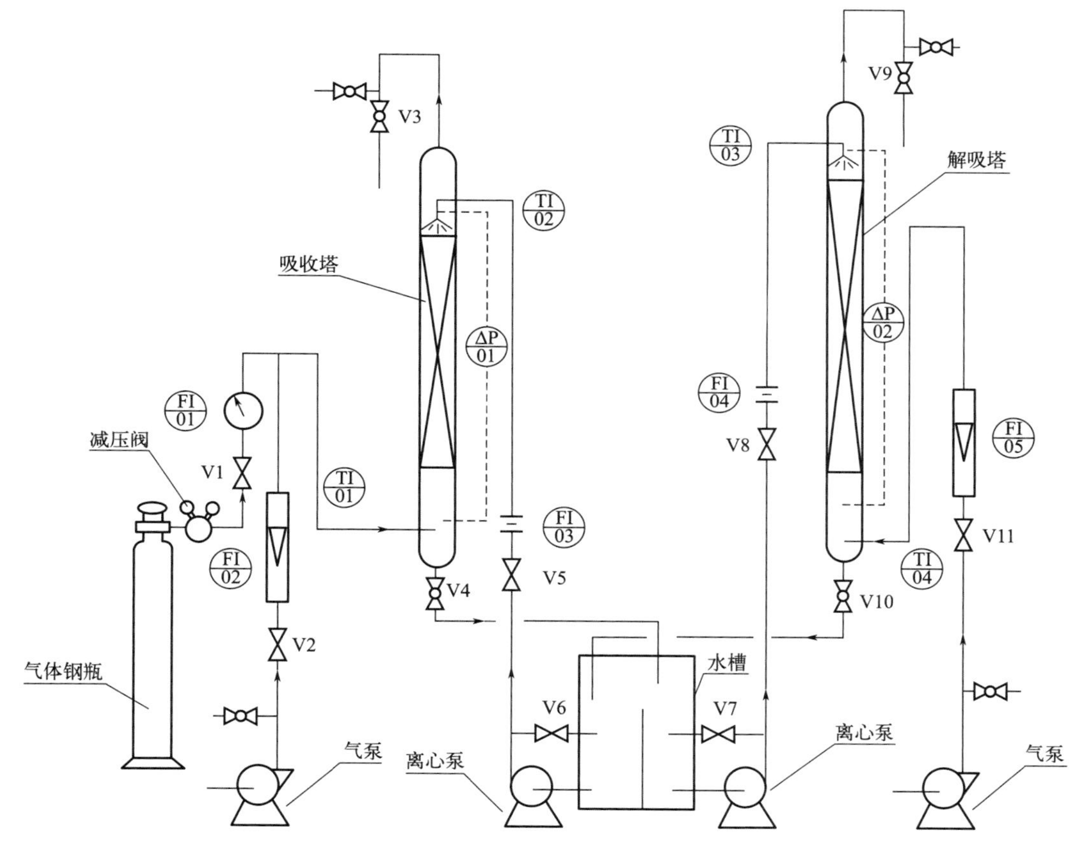

图 4.8 气体吸收-解吸实验装置流程示意图

V1—气体调节阀；V2，V11—空气调节阀；V3，V9—尾气调节阀；V4，V10—塔底液体调节阀；V5，V8—进塔液体调节阀；V6，V7—离心泵旁路调节阀

（2）主要部件技术参数

① 吸收塔：玻璃管内径 $D=0.108\mathrm{m}$，内装 $\phi10\mathrm{mm}\times10\mathrm{mm}$ 不锈钢拉西环，填料层高度 $Z=0.8\mathrm{m}$。

② 解吸塔：玻璃管内径 $D=0.108\mathrm{m}$，内装 $\phi10\mathrm{mm}\times10\mathrm{mm}$ 不锈钢拉西环，填料层高度 $Z=1\mathrm{m}$。

③ 用于计量液体流量的孔板流量计：孔板系数 $C_0=0.78$，孔径 $d_0=14mm$。

实物装置照片详见本实验文末二维码链接的数字资源。

【实验设计要求】

通过分组，完成以下实验中的一项或多项。

（1）设计实验，测定不同液体喷淋量下的吸收塔或解吸塔压降-空塔气速关系曲线，分析适宜的气液相传质区域。

（2）设计实验，测定空气-氧气混合气体在填料吸收塔中的传质系数，分析影响溶质气体吸收和解吸效果的因素。

（3）设计实验，测定空气-二氧化碳混合气体在填料吸收塔中的传质系数，分析影响溶质气体吸收和解吸效果的因素。

（4）设计实验，测定空气-氧气-二氧化碳三元混合气体在填料吸收塔中的传质系数。

（5）设计实验，测定碳酸钠为吸收剂的二氧化碳吸收传质系数，并与水为吸收剂测定的吸收传质系数进行比较。

【实验方法及操作步骤】

（1）实验前准备工作

了解现场实验装置的结构与管路流程；准确测量实际填料层高度；向水槽内注入自来水，使其液位达到1/2。

（2）测定填料吸收塔的 $\Delta p/z \sim u$ 关系曲线

确定适宜的液体喷淋量：通过V2阀门调节吸收塔进气流量为 $2.0m^3/h$。通过进液阀门V5调节进液流量，使得吸收操作在空气流量 $2.0m^3/h$ 以下时可以正常进行，而在 $2.0m^3/h$ 及以上时则出现积液和液泛现象（此时可观察到进气流量自动下降现象）。固定此时的进液阀门开度，记录进液流量对应的孔板流量计示数。调节解吸塔的进液流量与吸收塔进液流量基本一致。

压降测试：采用上述进液流量，通过进气阀门V2调节吸收塔的进气流量，读取并记录空气转子流量计读数、填料层压降 Δp 和进气温度，注意观察和记录对应塔内的操作现象（正常操作、积液或液泛）。实验时，可从空塔气速 $0.5m^3/h$ 开始测试，在 $0.5\sim2m^3/h$ 之间测4～6组数据，大于 $2m^3/h$ 再测2组数据即可。

需注意，接近液泛时，塔内流体发生快速积液现象，应迅速读取仪表示数，并关闭气体控制阀门V2，以避免液柱过高导致水从塔顶溢出实验装置。

（3）空气-氧气混合气体进料时吸收塔传质系数的测定

① 开启水泵，调节吸收塔和解吸塔的液相（水）流量，使水槽两边液面基本保持相平，以保证实验可持续稳定操作。调节吸收塔和解吸塔的空气流量为 $1.0m^3/h$（不同实验组同学可设定不同的空气流量和液相流量，平行对比吸收-解吸效果）。

② 打开氧气钢瓶，调节氧气流量，一般控制在约 5L/min 为宜，即 1min 内氧气通入气体湿式流量计的流量可使其表盘指针转 1 圈。

③ 稳定操作 10～15min 后，分别使用锥形瓶取水样后，立即使用溶解氧测定仪测定水槽中的贫液、富液以及吸收塔、解吸塔的塔底采出液温度及其中的溶解氧含量。

(4) 空气-二氧化碳混合气体进料时吸收塔传质系数的测定

① 按上述步骤调节液相（水）流量，打开二氧化碳钢瓶并调节至合适的流量，分别按照下列条件进行吸收和解吸操作，稳定后测定吸收塔、解吸塔水中所溶解的二氧化碳含量：

a. 二氧化碳进气流量 5L/min，空气流量 $1m^3/h$，液相流量 10L/h。

b. 二氧化碳进气流量 10L/min，空气流量 $1m^3/h$，液相流量 20L/h。

② 将上述吸收剂换为碳酸钠水溶液，质量浓度为 3%～5%。按上述步骤进行吸收和解吸操作，并对结果进行比较。

(5) 空气-氧气-二氧化碳三元气体混合物进料时吸收塔传质系数的测定

按上述步骤调节液相（水）流量，打开二氧化碳钢瓶和氧气钢瓶并调节至合适的流量，按下列条件进行吸收和解吸操作，稳定后测定吸收塔、解吸塔水中的溶解氧含量和溶解二氧化碳含量：二氧化碳进气流量 5L/min，氧气进气流量 5L/min，空气流量 $1m^3/h$，液相流量 10L/h。

实验结束后，关闭氧气和二氧化碳钢瓶、风机、离心泵（注意先关闭其出口阀），再按次序关闭仪表，最后关闭总电源。

【实验操作注意事项】

(1) 开启氧气总阀前要先关闭自动减压阀。减压阀开启时的开度不宜过大。

(2) 填料吸收塔在每次开工前最好先做一次预液泛，让填料被充分润湿，以提高填料的利用率。

(3) 实验时要注意吸收塔喷淋水量和解吸塔喷淋水量保持一致，达到液泛状态后应迅速读取压降示数，并快速关闭进气阀门，以防止料液从塔顶溢出。要使吸收过程尽快达到稳定，应让进塔的液相流量、气相流量等保持稳定。

(4) 测量液相中的溶解氧含量和溶解二氧化碳含量时，要遵守仪器使用规程，采样与测量操作应迅速，以免气体溢出。富液中氧气和二氧化碳浓度理论上应大于贫液。

(5) 实验期间应佩戴护耳器，防止旋涡气泵噪声过大损害听力。

(6) 测定不同种类气体混合物的传质系数时，应保持进气流量及其中溶质组分组成大致相当，以便于横向比较。

【实验数据记录与处理】

(1) 实验数据记录

实验数据记录与处理结果汇总可参考表 4.13～表 4.15。

表 4.13 填料塔 $\Delta p/z \sim u$ 关系测定数据记录表

日期：		装置号：		同组人：	
液体进料流量计示数 kPa		填料层高度 $z=$ m		塔径 $D=$ m	
序号	填料层压降/kPa	单位高度填料层压降/kPa	空气转子流量计读数/(m^3/h)	空塔气速/(m/s)	现象
1					
2					
3					
4					
5					
6					
7					
8					

表 4.14 填料吸收（解吸）塔传质实验数据记录表

被吸收的气体：氧气(例)	吸收剂：水(例)	塔内径：108mm
项目	吸收塔	解吸塔
填料种类	不锈钢拉西环	不锈钢拉西环
填料尺寸/mm	10×10	10×10
填料层高度/m		
O_2 湿式流量计读数：转一圈所需时间/s		—
空气转子流量计读数/(m^3/h)		
塔底气体进料温度/℃		
塔顶液体进料温度/℃		
孔板流量计测得进液压差/kPa		
进料液体溶解氧浓度/(mg/L)	(贫液水槽取样)	(富液水槽取样)
塔底采出液溶解氧浓度/(mg/L)	(富液槽喷口)	(贫液槽喷口)
塔底采出液样品温度/℃	(取样测量)	(取样测量)

表 4.15 填料吸收（解吸）塔传质数据处理结果汇总表

项目	吸收塔	解吸塔
氧气流量/(m^3/h)		—
混合空气后氧气分压/kPa		—
液体进料流量/(m^3/s)		
实验温度下 O_2 亨利常数/10^9Pa		
塔底采出液浓度/(kmol/m^3)		
塔顶进料液浓度/(kmol/m^3)		
平衡浓度 c_A^*/(kmol/m^3)		
平均推动力 Δc_{Am}/(kmol O_2/m^3)		
液相总传质单元高度 H_{OL}/m		
液相总体积传质系数 K_La/[kmol/(s·kmol)]		

（2）实验数据处理

① 分组实验，测定不同液体喷淋量下的 $\Delta p/z \sim u$ 关系曲线，从图中确定泛点气速，并与实验观察到的泛点气速比较。不同组别数据共享，绘制不同液体喷淋量下的

$\Delta p/z \sim u$ 关系曲线，分析适宜的气液相传质区域。

② 计算液相传质单元数、液相传质单元高度、液相总体积传质系数 $K_{L}a$ 以及吸收塔中溶质气体的吸收率（室内空气中氧气体积分数以 21%计），分析影响溶质气体吸收和解吸效果的因素。

③ 分组测定二氧化碳和氧气的吸收传质系数，并进行对比分析。

④ 分组测定水和碳酸钠为吸收剂对二氧化碳的吸收效果，并进行对比分析。

【思考题】

（1）预习思考题

① 查阅文献，了解二氧化碳吸收在碳捕集中的作用，比较不同吸收剂的二氧化碳吸收效果。

② 如何测定水溶液中二氧化碳以及氧气的含量？至少各列举两种方法。

③ 选定任一实验方案，画出实验思维导图，包括实验步骤及实验设计方案中需要测定的参数等内容。

（2）实验后思考题

① 本实验中，测定填料塔压降时可能出现哪些问题？如何解决？

② 影响气体吸收与解吸效果的因素分别有哪些？本实验吸收和解吸过程的液相体积传质系数是否相同？为什么？

③ 从传质推动力和传质阻力两方面分析吸收剂喷淋量和温度对吸收过程的影响。

④ 当气体温度和吸收剂温度不同时，应按哪个温度计算相平衡常数？

⑤ 分析本实验的误差来源，分析传质系数的计算误差。

请扫描二维码获取本实验相关数字资源，内容包括：

（1）实验装置实物照片

（2）填料塔动画视频

（3）实验步骤流程框图及思维导图

（4）文献导读信息

（5）二氧化碳吸收解吸操作说明

4.8 洞道干燥实验

【实验目的】

（1）掌握对流干燥原理和操作过程，了解常见干燥器的结构和特点。

（2）掌握干燥曲线、干燥速率曲线、临界含水量及恒速干燥阶段对流表面传热系数的测定方法，理解干燥速率和临界含水量的影响因素。

（3）掌握废气再循环流程的干燥曲线、干燥速率曲线测定方法，理解干燥器热效率的影响因素。

（4）通过废气再循环等干燥工艺理解节能措施，培养节能意识。

【实验原理】

作为化工行业的重要单元操作，干燥操作利用热能和湿分浓度差除去固体物料中的湿分（通常为水或有机溶剂），以便于物料的进一步加工、运输、贮存和使用。干燥除去物料湿分较为彻底，但过程耗能大、费用高，也是化工单元节能的研究焦点。

对流干燥在生产中应用最广泛。干燥操作中，干燥介质（热空气或烟道气）与湿物料对流接触，通过对流传热将热量传递给湿物料，促使湿分汽化传递至流动的干燥介质而带出。因此，对流干燥过程中动量传递、热量传递和质量传递同时发生，其中质量传递和热量传递均为控制因素并互相影响。

干燥速率是影响产品质量和干燥时间的重要因素，也是干燥器设计及计算的重要依据。干燥速率不仅与干燥介质的温度、湿度、流动状态相关，还与湿物料的结构、湿物料与水分结合形式、湿物料与干燥介质接触方式以及干燥器的结构密切相关，目前主要通过实验方法测定。本实验以热空气为干燥介质，测定不同含水湿物料的干燥曲线和干燥速率曲线。

干燥实验中，干燥条件常保持恒定，即大量热空气流过少量固体湿物料表面时，可认为空气的温度、湿度、流速及其与物料接触方式不变。随着干燥时间延长，湿物料中的水分逐渐汽化并被空气带走，而重量逐渐减少，直至恒定不变。

干燥过程耗能大，通过废气再循环干燥操作，即部分废气再循环进入干燥流程，可以提高干燥器热效率，达到提高热能利用率、节约能源的目的。

恒定干燥条件下干燥曲线和干燥速率曲线通常分为两个阶段，如图 4.9 所示。干燥过程由短暂的不稳定加热（或冷却）阶段（*AB* 段）开始，当湿物料表面的温度达到恒定（等于热空气湿球温度）后进入干燥操作的第一阶段，即恒速干燥阶段（*BC* 段）。

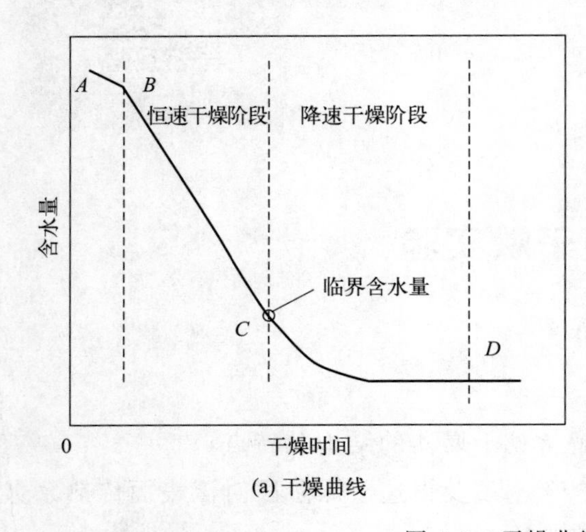

(a) 干燥曲线

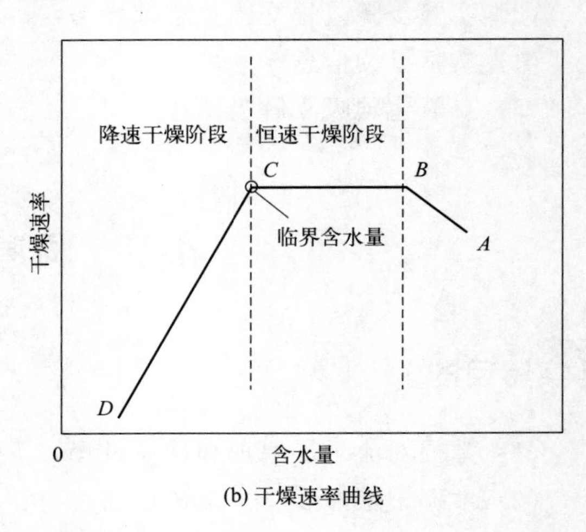

(b) 干燥速率曲线

图 4.9　干燥曲线和干燥速率曲线

该阶段内，物料湿含量较大，物料内部水分能迅速地转移至湿物料表面，保证湿物料表面一直维持充分润湿以及水蒸气分压不变，因此干燥速率恒定，为湿物料表面水分汽化速率控制，也称为表面汽化控制阶段。干燥操作的第二阶段为降速干燥阶段（CD段），经过恒速干燥后的物料湿含量逐渐减少，当物料表面出现干点或者湿分在物料内传递速率低于其表面水分汽化速率时，干燥速率受湿分内部传递速率控制而持续下降，因此降速干燥阶段也称为内部迁移控制阶段。

恒速干燥阶段和降速干燥阶段之间的转折点所对应湿物料的含水量称为临界含水量，是影响干燥操作的重要参数。临界含水量与湿物料的性质及干燥条件有关，对于给定湿物料，恒速干燥阶段的干燥速率越大，临界含水量越大，干燥过程转入降速干燥阶段越早，对于相同的干燥要求所需的干燥时间越长。

影响恒速阶段的干燥速率和临界含水量的主要因素包括：固体物料的种类和性质，固体物料层的厚度或颗粒大小，空气的温度、湿度、流速，空气与固体物料间的相对运动方式。

本实验在恒定干燥条件下对棉质布料等材料进行对流干燥，测定干燥曲线和干燥速率曲线，从而获得恒速干燥阶段干燥速率和临界含水量，并分析相关影响因素。

（1）干燥速率

干燥速率是指单位时间、单位干燥面积蒸发的水分量，可由式(4.55)计算：

$$R=-\frac{m_c}{A}\times\frac{dX}{d\tau} \tag{4.55}$$

式中，R 为干燥速率，kg 水/(m^2·s)；m_c 为绝干物料量，g；A 为干燥面积，m^2；X 为被干燥物料的干基含水量，kg 水/kg 绝干物料；τ 为干燥时间，s。

被干燥物料的干基含水量 X 可由式(4.56)计算：

$$X=\frac{m_i-m_c}{m_c} \tag{4.56}$$

$$m_i=m_t-m_d \tag{4.57}$$

式中，m_i 为不同时间物料的质量，g；m_t 为被干燥物料和支架的总质量，g；m_d 为支架的质量，g。

计算出每一时刻的瞬时含水量，然后用干基含水量 X、干燥时间 τ 数据作图，即可得到干燥曲线；用干燥速率 R、干基含水量 X 数据作图，即可得到干燥速率曲线。

（2）对流表面传热系数

恒速干燥阶段，空气与湿物料表面的对流表面传热系数可由式(4.58)计算：

$$h=\frac{\phi}{A\Delta T}=\frac{R_c\gamma_{tw}}{T-T_w} \tag{4.58}$$

式中，h 为恒速干燥阶段物料表面与空气之间的对流表面传热系数，W/(m^2·℃)；ϕ 为恒速干燥阶段物料表面与空气之间传递的热量，W；ΔT 为物料表面温度变化，℃；R_c 为临界干燥速率，kg 水/(m^2·s)，由干燥曲线获得；γ_{tw} 为湿球温度下水的汽化潜热，J/kg；T 为干燥器内空气的干球温度，℃；T_w 为干燥器内空气的湿球温度，℃。

(3) 干燥器内空气的实际体积流量

干燥试样放置处的空气流量可由式(4.59)计算：

$$q_V = q_{V,t}\frac{273+T_1}{273+T_0} \tag{4.59}$$

式中，q_V 为干燥试样放置处的空气流量，m^3/min；$q_{V,t}$ 为干燥器内空气实际体积流量，m^3/min；T_1 为干燥器内空气的干球温度，℃；T_0 为空气进入风机的入口温度，℃。

(4) 干燥过程的热效率

空气预热器提供的热量主要用于三方面：物料升温消耗的热量 Φ_1、水分蒸发消耗的热量 Φ_2 和干燥器内热损失 Φ_3。其中 Φ_1 是为达到干燥目标所必需的，Φ_2 直接用于干燥，经换算得到热效率计算式(4.60)，衡量干燥过程的热量利用经济性。

$$\eta = \frac{T_1 - T_2}{T_1 - T_0} \tag{4.60}$$

式中，T_2 为干燥器出口的空气温度，℃。

【实验装置及流程简介】

(1) 实验装置

洞道干燥实验装置流量如图 4.10 所示。空气通过蝶阀 V3 进入风机，经过加热后进入干燥装置。湿物料用支架固定在洞道内，热空气流过湿物料的表面，通过质量传感器测定湿物料的质量变化。若将蝶阀 V2 打开，可实现废气再循环操作，有利于节约热量。

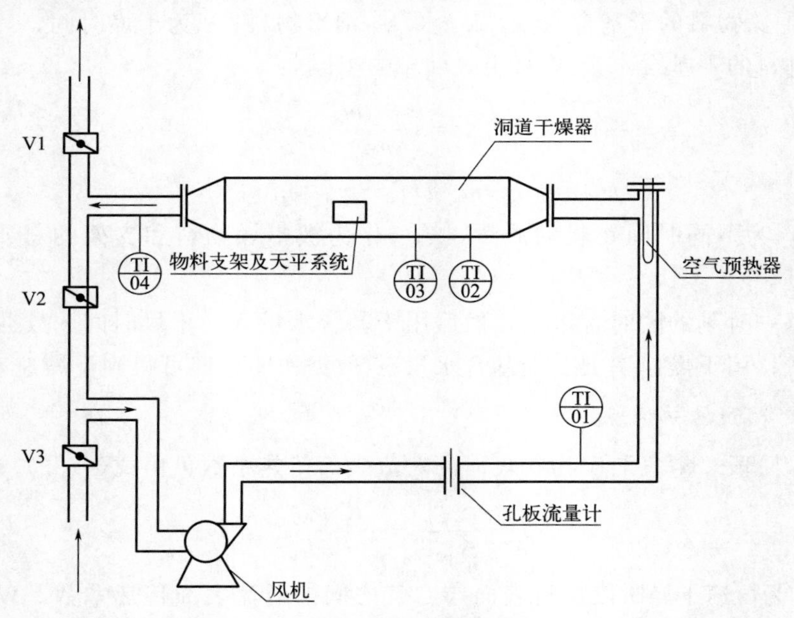

图 4.10 洞道干燥实验装置流程示意图

TI01—空气入口温度计；TI02—干球温度计；TI03—湿球温度计；V1—新鲜空气进气阀；V2—废气循环阀；V3—废气排出阀

（2）主要部件技术参数

① 风机：BYF7132 型三相离心式低噪声中压风机，电机功率为 0.55kW。

② 空气预热器：3 个电热器并联，每个电热器的额定功率为 450 W。

③ 质量传感器：量程 0～200 g，精度 0.1 级。

④ 差压变送器：量程 0～200kPa，精度 0.3 级。

⑤ 温度显示仪表：－50～150℃。

实物装置照片详见本实验文末二维码链接的数字资源。

【实验设计要求】

以小组为单位，每组应完成以下实验中的一项或多项。

（1）设计实验，测定棉布纤维类物料在洞道干燥器内对流干燥时的干燥曲线和干燥速率曲线。

（2）设计实验，测定部分废气再循环流程的干燥曲线和干燥速率曲线，分析其对干燥过程能耗的影响。

（3）设计实验，测定不同种类湿物料、热空气与湿物料不同接触方式（如表面积、放置位向等）的干燥曲线和干燥速率曲线。

【实验方法及操作步骤】

（1）实验前的准备工作

① 选定干燥物料，将其放入水中充分润湿。

② 向湿球温度计的蓄水池内补充适量的水，使池内水面上升至其上口处。

（2）实验操作

① 打开蝶阀 V3 和 V1，关闭阀门 V2，启动风机，将风机的电机频率调至特定值（调节范围 20～40 Hz），将空气流量调至指定读数。

② 打开加热开关，设定干球温度 50～80℃，仪表将自动调控空气温度到指定值。

③ 当空气的干球温度和空气流量稳定后，读取天平读数作为支架的重量。

④ 将支架从干燥设备的洞道中取出，测量湿物料的尺寸，并将湿物料固定在支架上，使其与气流方向平行放置（也可选择其他放置方式），然后将装有湿物料的支架安插在洞道内的支撑杆上（注意不能用力过大，以免传感器受损）。

⑤ 立即按下秒表开始计时，并记录显示仪表的重量显示值。然后每隔一段时间（可取 3min）记录一次数据（记录总重量和时间），直至相同时间间隔内的失重量不大于 0.01g 时，即可结束实验。

（3）实验结束

先关闭加热开关，待干球温度显示降至 40℃以下，关闭风机电源及其他仪表开关，最后关闭总电源。

【实验操作注意事项】

(1) 在安装试样时，一定要小心保护传感器，以免用力过大使传感器造成机械性损伤。

(2) 干燥物料要充分润湿，但不能有水滴自由落下，否则会影响实验数据的准确性。

(3) 在设定干球温度时不要改动其他仪表参数，以免影响控温效果。

(4) 为保障设备安全，开车时，一定要先启动变频器，在一定供电频率下使风机运转后，再开启空气预热器的加热开关。停车时则反之，应待干球温度显示降至40℃以下后，再关闭风机。

【实验数据记录与处理】

(1) 实验数据记录

实验数据记录可参考表4.16。

(2) 实验数据处理

① 常规干燥流程中，画出干燥曲线和干燥速率曲线，计算恒速干燥速率、临界含水量、恒速干燥阶段对流表面传热系数、干燥器热效率等参数，以其中一组数据为例列出计算过程。

② 比较常规干燥流程和部分废气再循环干燥流程中的上述干燥参数，并分析原因。

表4.16 干燥实验数据记录表

日期：　　装置号：　　室温：　　℃　　同组人：

空气流量V：　　m^3/h　　空气进入风机的入口温度T_o：　　℃　　干球温度T_1：　　℃

干燥面积S：　　m^2　　干燥终点物料质量：　　g　　绝干物料质量m_c：　　g

支架质量m_d：　　g　　洞道截面积：　　m^2

序号	累计时间τ/min	湿物料总质量m_i/g	湿球温度示数T_w/℃	干基含水量X/(kg/kg)	干燥速率R/[10^{-4}kg/(m^2·s)]
1					
…					

【思考题】

(1) 预习思考题

① 查阅文献，简述有哪些新技术可以降低干燥能耗、提高干燥效率。

② 对于不同种类和状态的湿物料，碳酸钠粉末、土豆片、煤炭块、奶粉等如何选择干燥器？如何在干燥过程中最大程度保持产品形貌，避免开裂、卷曲、团聚等？

③ 选定任一实验方案，画出实验思维导图，包括实验步骤及实验设计方案中需要测定的参数等内容。

（2）实验后思考题

① 分析干燥速率和临界含水量的影响因素。

② 综合其他组同学的实验结果，对比常规干燥流程和部分废气再循环流程，分析部分废气再循环流程对干燥时间的影响。

③ 分析本实验的误差来源；分析对流传热系数的计算误差。

请扫描二维码获取本实验相关数字资源，内容包括：

（1）实验装置实物照片

（2）洞道干燥器及厢式干燥器动画视频

（3）实验步骤流程框图及思维导图

（4）文献导读信息

4.9 膜分离实验

【实验目的】

（1）掌握超滤、反渗透、渗透蒸发 3 种膜分离过程的原理，熟悉膜分离工艺流程及膜组件结构性能。

（2）掌握实验测定超滤、反渗透、渗透蒸发膜组件主要分离性能的方法。

（3）了解膜分离技术的应用领域和前沿，增强工程观念，建立安全操作意识。

【实验原理】

在技术创新引领发展的全球化新时代，分离技术成为产品工程和过程工程的核心关键技术。膜分离是 20 世纪 60 年代发展起来的一种新型分离技术，利用膜的选择透过特性，以外界能量或化学势差为推动力，实现混合物中不同物质的浓缩、分离和纯化。膜分离技术包括压力差驱动（反渗透、纳滤、超滤、微滤）、浓度差驱动（渗析、透析、气体膜分离）、电位差驱动（电渗析、燃料电池、液流电池、电化学氢泵）、溶解-扩散驱动（渗透汽化和蒸汽渗透）等过程，具有能耗低、设备体积小、操作简单等特点。尤其是膜与传统化工分离过程集成耦合的过程强化新技术，在化工、新能源技术、食品加工、环境保护、资源循环、生命科学、医药卫生、过程控制、新材料、航天等领域应用前景广阔。

分离膜的分离透过性和物化稳定性是影响膜分离性能的重要因素，包括膜材料及结构，膜耐压耐温性以及对酸、碱、有机溶剂等的耐受性等。水处理膜的分离性能指标包括脱盐率、产水流量和流量衰减指数等，可以通过调控操作温度、操作压力、原料水质、处理流量等操作条件优化水处理膜的分离性能。

（1）超滤

超滤过程主要依靠膜孔的筛分作用。在膜两侧压力差介于 0.1～1.0MPa 时，溶剂、无机盐等粒径较小的分子在压力差驱动下透过膜孔，而水中较大的悬浮物、胶体、蛋白质、微生物等可被截留于膜表面，实现水体净化、分离和浓缩等目的。超滤可截留直径 10 nm 以上、分子量 1000 以上的颗粒。超滤过程无相变、能耗低、易于操作，适用于低浓度大分子物质和热敏性物质的分离和回收，也可满足不同分子量的体系分级和反渗透装置的前处理等需求。

超滤过程中存在浓度极化现象，即被截留物质在高压侧膜表面积累，与溶液主体之间形成浓度梯度，导致一系列后果：①在膜表面加速形成沉积、结晶或凝胶层，增加透过阻力，降低膜通量；②加快溶质通过膜的速度（即透盐率），使产品水质下降。可以通过增加原料液流速、提高操作温度等方法减轻浓度极化。

超滤膜的分离透过性能主要包括透过速率、截留率、截留分子量等。

超滤膜的透过速率 J 可由式(4.61) 表达：

$$J=\frac{\Delta p}{\eta(R_m+R_{cp}+R_f)} \tag{4.61}$$

式中，Δp 为膜两侧压差，Pa；η 为料液黏度，Pa・s；R_m 为膜本身阻力；R_{cp} 为浓差极化层阻力；R_f 为膜表面污垢引起的传质阻力。

超滤膜的截留率 R_0 由式(4.62) 计算：

$$R_0=\left(1-\frac{c_P}{c_F}\right)\times 100\% \tag{4.62}$$

式中，c_P 为透过液浓度，kg/m^3；c_F 为原液浓度，kg/m^3。

纯水透过速率是指在常压、25℃条件下单位时间内单位膜面积的纯水透过量，单位为 $m^3/(m^2 \cdot s)$。随操作压差增加，膜的纯水透过速率随之提高。但当压差过高时，膜孔被压缩，导致纯水透过速率变缓；料液流速增加可缓解浓度极化，但流速过大将增大膜组件内部的流动压降，引起膜组件出口区域的工作压力过低。

本实验采用中空纤维超滤膜组件，测定不同操作压差下超滤膜的纯水透过速率和截留率。

(2) 反渗透

相较于超滤膜，反渗透膜表面致密，膜孔径约 0.1nm，可截留 0.1～1.0nm 的小分子物质。因此，调节膜两侧压差，反渗透膜能截留水中绝大多数溶质，如无机物、有机物和微生物。水中微量杂质含量通常可用其浓度表示，单位为 mg/L。

衡量反渗透膜性能的主要指标为脱盐率、产水量、通量和纯水回收率等。

脱盐率是指反渗透膜对水中杂质的去除能力，其计算方法类似于截留率，即

$$\text{脱盐率}=\left(1-\frac{\text{产水杂质含量}}{\text{进水杂质含量}}\right)\times 100\% \tag{4.63}$$

产水量表示反渗透膜在一定条件下单位时间内产出纯水的体积，其单位有 GPD（加仑每天）、LPH（升每小时）等。

通量是指在单位时间内单位面积的反渗透膜片的纯水产出体积。

纯水回收率 N 由式(4.64) 计算：

$$N=\frac{q_{Vt}}{q_{Vb}+q_{Vt}} \tag{4.64}$$

式中，q_{Vt}、q_{Vb} 分别表示膜透过液、浓缩液的体积流量，L/h。(25℃纯水的理论极限电导率为 0.0547μS/cm，电阻率为 18.3MΩ·cm。)

(3) 渗透蒸发

渗透蒸发也称为渗透汽化，是利用液相各组分在分离膜内的溶解与扩散速度差异，通过膜两侧的蒸汽压差推动，实现组分分离。渗透蒸发的应用领域包括从醇、酮、醚、酯等多种有机物中脱水，或者脱除有机物、有机共沸物等。如工业上渗透蒸发技术用于乙醇-水体系的脱水处理，可得到纯度为质量分数 99.8%的无水乙醇。

在渗透蒸发膜分离过程中，通常于产品侧抽真空，以实现料液组分经膜的渗透与汽化，获得相应产品。渗透蒸发膜分离过程主要经过 3 个步骤：①料液中的待分离组分在膜高压侧表面优先吸附、溶解；②待分离组分在膜内的渗透扩散；③分离组分在膜低压侧汽化，从膜表面脱附，作为产品收集。

通常用渗透通量和分离因子衡量渗透蒸发膜的分离性能。

膜的渗透通量 F 指单位膜面积单位时间内透过的组分质量，单位为 $g/(m^2 \cdot s)$，反映组分透过膜的速率，由式(4.65) 计算：

$$F=\frac{m}{S\tau} \tag{4.65}$$

式中，m 为在 τ 时间内所得的透过液质量，g；S 为膜的有效面积，m^2；τ 为分离时间，s。

分离因子 α 指两组分在透过液中组成比与在原料液中组成比的比值，用于表征任一分离过程中混合物各组分所能达到的分离程度，反映膜对组分的选择透过性，本实验中膜的分离因子由式(4.66) 计算：

$$\alpha=\frac{x'_{水}/y'_{醇}}{x_{水}/y_{醇}} \tag{4.66}$$

式中，$x'_{水}$、$y'_{醇}$，$x_{水}$、$y_{醇}$ 分别为膜分离后、膜分离前溶液中水、乙醇的摩尔分数。$\alpha>1$ 说明分离过程有效。在多数情况下，α 随温度上升而有所下降。

影响膜渗透蒸发性能的因素包括膜材料与结构、操作温度、原料液浓度及流速、膜两侧压力差等。其中，原料液浓度直接影响组分在渗透蒸发膜中的溶解度，随着料液中优先渗透组分浓度的提高，渗透通量也将提高，从而影响组分在膜中的扩散速率和分离性能。渗透蒸发是传热和传质耦合过程，浓度极化与温度极化同时存在。提高料液流速可以增强流体的湍流程度，减薄温度和浓度边界层，强化传热和传质。

本实验以聚乙二醇-水溶液、氯化钠-水溶液、乙醇-水溶液为分离物系，分别采用超滤、反渗透和渗透蒸发膜分离方法，采用吸光度、电导率及气相色谱等产品组成分析方法，测定膜分离效率，重点考查原料液的浓度、流量以及操作压差、温度等因素对分离效果的影响。

【实验装置及流程简介】

(1) 超滤和反渗透

超滤和反渗透实验装置流程如图 4.11 所示。反渗透和超滤系统共用两个储液槽。

配备高压泵及变频器控制的离心泵，可以单独进行水处理制备纯化水。系统的流量由转子流量计计量，局部压力由压力表测定。另外配备了电导率仪及测温仪表，可测定反渗透膜进、出水的电导率及水温。

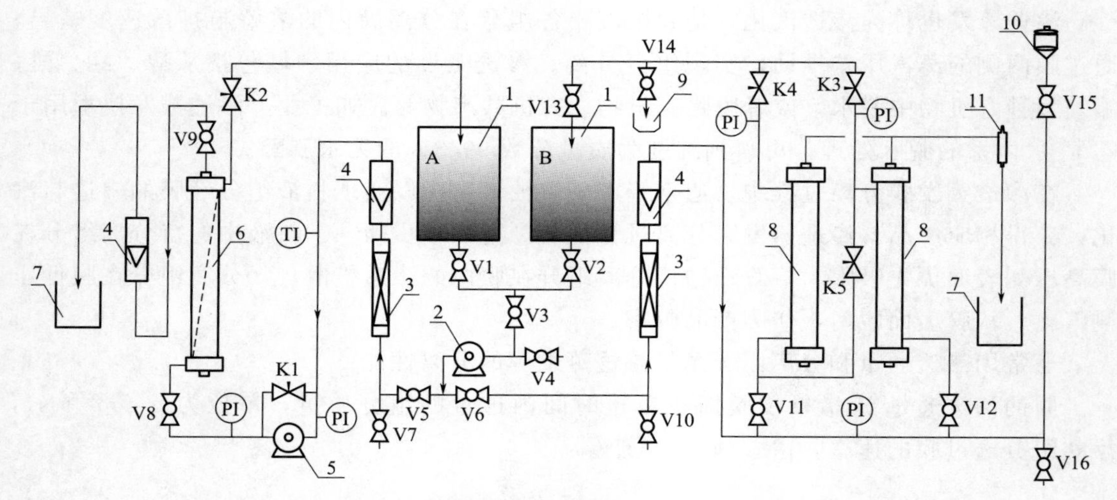

图 4.11　超滤和反渗透实验装置流程示意图

1—储液槽；2—离心泵；3—精滤器；4—转子流量计；5—高压泵；6—反渗透膜组件；
7—产水储液槽；8—超滤膜组件；9—烧杯；10—高位罐；11—视瓶

超滤单元：储液槽 A 内的原水经离心泵输送至精滤器进行初滤，然后输入超滤膜组件制备纯化水，在超滤膜组件后部的分支管路出口处分别收集超滤的纯化水和浓缩液。

反渗透单元：储液槽 B 内的原水经离心泵输送至精滤器进行初滤，再经过高压泵送入反渗透膜组件制备纯化水，在反渗透膜组件后部的分支管路出口处分别收集纯化水和浓缩液。

超滤膜组件：核心为具有高传质面积的中空纤维膜，如图 4.12 所示，属于轴向产水结构。其中，中空纤维膜为聚苯乙烯膜，有效面积 $2m^2$，截留分子量 6000，适宜流量范围 3～30L/h，操作压力 0～0.12MPa，适用于 pH 值 2.0～13、温度 0～45℃。

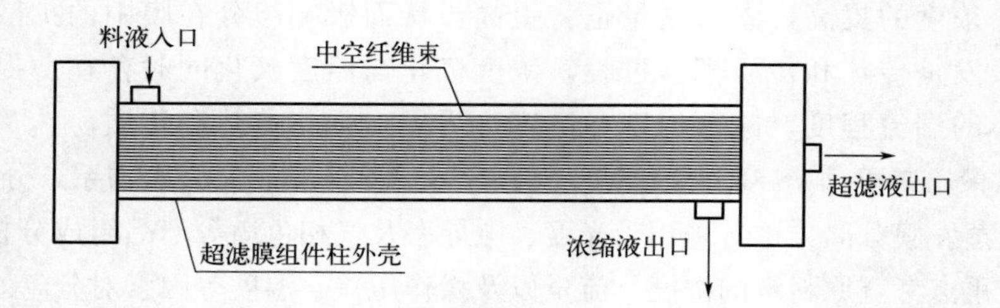

图 4.12　中空纤维超滤膜组件结构示意图

反渗透膜组件：汇通 ULP21-2521 膜（聚酰胺复合膜），卷式膜，直径 6.4cm（2.5in），长度 53cm（21in），有效面积 $1.1m^2$，稳定脱盐率 99.5%，通量 50L/h，操作压力 0～1MPa，进水 pH 值 3～10，进水温度 2～45℃。

(2) 渗透蒸发

渗透蒸发实验装置流程如图 4.13 所示。溶液储罐中的物料（如乙醇-水溶液）经过预设控温加热，温度稳定后，产生的蒸汽由真空泵在一定流量下流经渗透蒸发膜组件制备纯化水，分离组分（如乙醇）在膜组件的出口（即低压侧）汽化，从膜表面脱附，在两套冷阱处被液化，作为产品收集于捕集器内。采用气相色谱仪内标法分别检测渗透蒸发处理前后样品的化学组分。

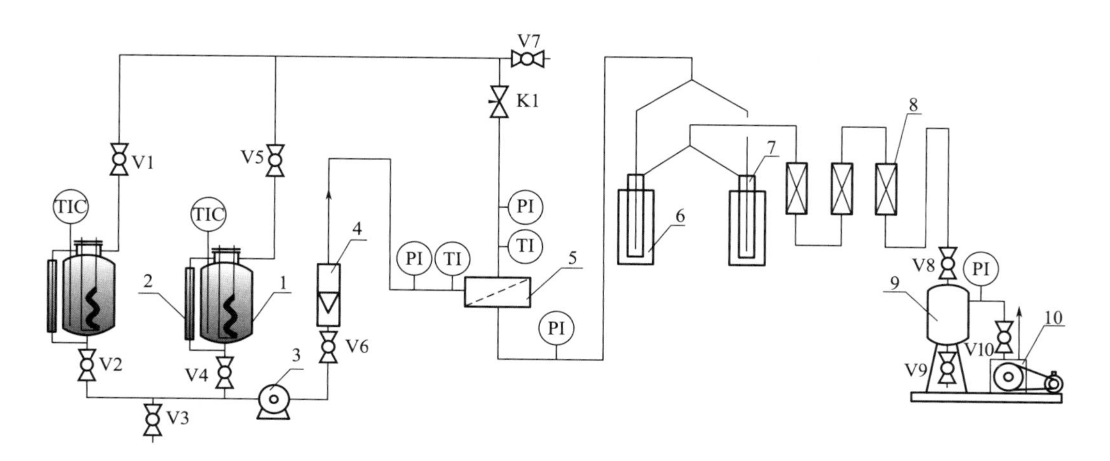

图 4.13 渗透蒸发实验装置流程示意图

1—溶液储罐（含加热器）；2—液位指示计；3—隔膜泵；4—转子流量计；5—渗透蒸发膜组件；6—冷阱；7—捕集器；8—干燥管；9—缓冲罐；10—真空泵

渗透蒸发采用平板膜组件，属于板框式结构，结构如图 4.14 所示。平板膜组件内装有亲水性的 NaA 沸石膜，直径 ϕ75mm，膜组件外壳材料为不锈钢。进料泵为高压隔膜泵，料液容积 2L，最大循环流量 1L/min，最高操作压力 0.4MPa，处理流量 3～30L/h。

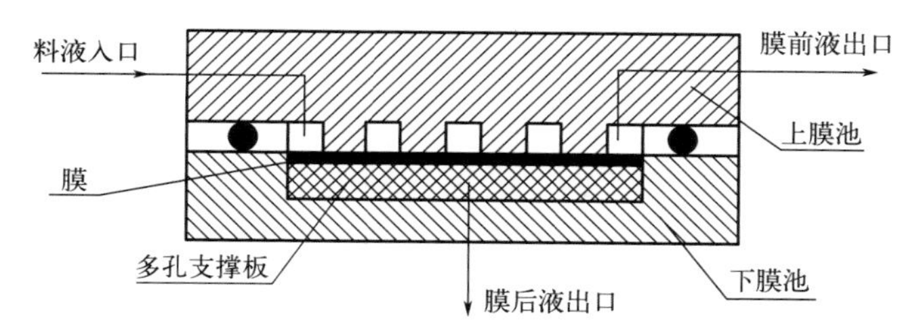

图 4.14 渗透蒸发平板膜组件结构示意图

(3) 其他管路组件及设备

① 不锈钢制溶液料罐：5L，带液面计，内设电加热管。

② 玻璃转子流量计：铜 LZB-10，6～60L/h，2 台；不锈钢 LZB-10，16～160L/h，1 台；铜 LZB-6，6～60L/h，1 台。

③ 渗透蒸发系统的真空泵车：含真空泵 1 台，抽气量 2L/s；缓冲罐 1 个；干燥管 3 支；真空表 1 个。

④ 温度传感器：铠装式 E 型热电偶，Φ1.5mm，5 支。

⑤ 测温仪表：厦门宇电 AI701F，1 台；AI702MF，1 台。

⑥ 控温仪表：厦门宇电 AI518F，2 台。

⑦ 保温瓶：2 个。

⑧ 产物捕集器：容积 40mL，玻璃材质，2 套；不锈钢水桶：2 个。

⑨ 可见分光光度计：上海仪电棱光 722s 型。

⑩ 电导率仪：上海雷磁 DDS-307。

⑪ 气相色谱仪：舜宇恒平 GC1120，FID 检测器，配有氮氢空发生器（安简 NHAA500）。

【实验设计要求】

分组完成实验，每组同学至少完成以下实验设计中的一项或多项。

(1) 设计超滤实验，针对含 100mg/L 聚乙二醇（分子量 20000）的原水，测定不同原水流量下超滤膜组件的截留率、纯水透过速率和纯水收率。

(2) 设计反渗透实验，以不同浓度氯化钠水溶液为原水，改变操作压差进行反渗透实验，测定原水在不同膜前压力下获得的浓缩液及纯化水的电导率，计算脱盐率和纯水回收率。

(3) 设计渗透蒸发实验，在不同原料液浓度下（原料液中乙醇质量分数 70%以上），改变原料液流量和操作温度，测定乙醇产物的产率、组成、分离因子和膜渗透通量，讨论操作条件对膜渗透蒸发性能的影响。

【实验方法及操作步骤】

(1) 实验前准备工作

① 按需开启样品分析测试设备，包括可见分光光度计、电导率仪、电子分析天平等。

② 原料液配置方法

a. 试剂与耗材：聚乙二醇（例如分子量 20000），发色试剂（次硝酸铋，碘化钾，冰醋酸），缓冲溶液（含乙酸和乙酸钠各 0.1mol/L 水溶液，pH=4.2）；容量瓶 10mL、100mL、500mL、1000mL，移液管 50mL，量筒 250mL、10mL，烧杯等；工业滤纸。

b. 显色剂 Dragendoff 溶液的配制：量取 1.6g 次硝酸铋＋20mL 冰醋酸，加至 100mL 容量瓶中，用去离子水稀释至刻线，得 A 溶液；称取 40g 碘化钾，在 100mL 棕色容量瓶中用去离子水定容，得 B 溶液。取 A、B 溶液各 5mL，另取 40mL 冰醋酸，依次加到 100mL 棕色容量瓶中，用去离子水定容至刻线，得显色剂储备液。

c. 聚乙二醇水溶液浓度测定方法提示：聚乙二醇与发色试剂可生成橘红色配合物，可利用该配合物的吸光特性测定其水溶液浓度。示例：取 5mL 聚乙二醇溶液，置于 10mL 容量瓶中，分别加入 2mL 发色试剂及 2mL 乙酸-乙酸钠缓冲液，加蒸馏水稀释至刻度。放置 15min 后，于波长 510nm 下，用 1cm 比色皿在分光光度计上测定吸光度，通过聚乙二醇的浓度-吸光度标准曲线拟合公式计算出聚乙二醇的浓度。

③ 针对反渗透实验，分别配制不同浓度的 NaCl 水溶液，在一定温度下测量其电导率和其浓度的关系，制作浓度-电导率工作曲线。

④ 针对渗透蒸发实验，配制不同浓度的乙醇水溶液（质量分数>70%）。

（2）超滤实验

① 按照图 4.11 连接管路。实验装置具有两个膜组件，从流程安装上可以并联或串联操作、单级或多级操作，实验推荐采用串联两级操作。将膜组件内的保护液放出，收集到容器内备用。

注意：实验前应首先清洗膜组件，主要是洗去膜保存液。使用新膜进行超滤时，透过速率的稳定需要一定时间。

② 在 A、B 两水槽内分别放入清水和待处理原料液。离心泵充满液体后，通电启动离心泵，关闭各管路出口阀门。检查各接口是否漏液，若有漏液需重新安装接头，在螺纹连接处加密封带，直到不漏为止。

③ 在一定流量和压力下运转数分钟，观察浓缩液和超滤液均有液体出现，说明组件运转正常。之后每隔 10min 取样，从视瓶下部取超滤液，从浓缩液排出管 V14 处的烧杯取浓缩液。按实验要求的分析方法测定样品浓度，处理数据。

④ 实验结束后，用清水清洗膜组件。放掉系统残留的聚乙二醇料液，在原料储水槽加满清洗用自来水，开泵运转 10～15min，冲洗系统各管路，清洗后含微量聚乙二醇的污水可排至下水道。

⑤ 加保护液。排空系统清洗水，从高位保护液槽加入保护液，以防止纤维膜的细菌生物降解。保护液选用约 4%甲醛水溶液。夏季气温高，停用 2 天之内可以不加，冬季停用 5 天之内可以不加，超过上述期限，必须有效地加入保护液。操作前放出保护液并保存，下次可继续使用。

⑥ 停机，关闭离心泵，并切断电源。

⑦ 超滤单元常见故障原因及处理方法

a. 离心泵运转声音异常。停泵，检查电源电压是否正确或泵内有没有充满液体。

b. 泵不运转。检查电源符合要求与否、有无线路故障。

c. 流量不足。泵可能“气缚”，排出气体即可正常。

d. 没有流量。检查泵是否反转。

e. 没有分离作用（即超滤液与浓缩液浓度长时间相同）。可能膜组件损坏，需要换新。

f. 加大膜组件出口阻力，即增加系统压力，超滤液量也很少或没有。可能浓差极化严重或膜组件严重污染，如经加压反洗无效，需更换新的膜组件。

（3）反渗透实验

① 打开总电源，通电预热数字显示仪表。按图 4.11 流程，将原料储液槽 B（对应阀门 V2）加满料液。调整系统的阀门，依次打开原料储槽的出水阀 V2 和 V3，打开阀 V5、V8、V9、K2。

② 储液槽出口处的进水离心泵灌泵后，启动离心泵，保证水循环。根据流量计和压力表指示数值调节相关阀门开。启动高压泵，缓慢调节高压泵的回流调节阀 K1 及膜前进液阀 V8、浓水调节阀 K2，使系统达到一定压力，进行检漏，直至不漏为止。然后用浓水调节阀 K2 调节纯水产量，从流量为 0～25L/h，或 30L/h 测取 5 或 6 组数据。系统运行稳定后，记录膜进口压力、温度，浓水流量、透过液淡水流量，同时分别从原水储液槽 B、产水储液槽 7、浓水储液槽 A 取 50mL 左右料液样品，测定原水、淡水、浓水的电导率。改变膜组件出口阀门 V9 的开度，调节系统操作压力。实验中，可选择使浓水回流至原水储液槽或流向另一储水槽。

③ 实验结束后，缓慢调节浓水调节阀 K2 至全开，然后将高压泵的回流调节阀 K1 全开，降低管路压力，最后关闭高压泵，关闭离心泵。实验全部结束后，关闭所有的数字显示仪表及电源。

(4) 渗透蒸发实验

① 按照图 4.13 流程，将渗透蒸发膜装入膜池，拧紧螺栓。将完整的膜组件与管线连接，做好接头处的密封。用软管连接好真空泵与装置真空接口。

② 检查测温和控温热电偶插入位置是否正确。检查电源线相、中、地接线正确，方可通电试运，否则会引起电器断路、烧坏，人员触电等事故发生。

③ 溶液储罐中加入一定浓度的乙醇-水溶液，设定储罐加热温度，原料罐内物料加热，开启进料的高压隔膜泵电源开关，调节电位旋钮，观察流量计读数，控制所需流量，调节出口微调阀，控制膜前后压力，料液循环一定时间，保证温度稳定、浓度均匀。

注意：当控温效果不佳时，可将控温仪表参数 CTRL 由 1 改为 2，再次进行自整定。自整定需要一定时间，温度经过上升、下降，再上升、下降，类似位式调节，达到稳定值。升温时要将仪表参数 OPH 控制在 20，即加热仅以 20%的强度进行，电流值不大，以后可提高该值，但不能超过 50，以防止过度加热而热量不能及时传递给物料介质，造成炉丝烧毁。控温仪表不能随意改动仪表的参数，否则仪表不能正常进行温度控制。

④ 将冷阱（即捕集器）在电热干燥箱中烘干，缓慢冷却至室温，称重，安装即位。当料液达到预定温度，在冷阱处套装上盛有液氮的保温瓶（亦可用其他冷却介质），开启真空泵抽气，开始实验。记录时间、温度、流量、膜前后压力。采用带塞玻璃磨口锥形瓶定时从阀 V3 处取样，利用气相色谱仪测定循环料液的浓度。

⑤ 达到预定实验时间时（例如 10min），转换三通阀至另外一个捕集器，取下实验用过的冷阱，用已称量的塞子塞紧，待产物降温至室温后，擦净冷阱外面凝结的水珠，称重。分析透过液组成，同时检测实验结束时的原料液浓度。

⑥ 实验结束，停机。打开缓冲罐的阀门，放空系统。停止真空泵，关闭真空泵与缓冲罐之间的阀门，否则热真空泵油有可能进入缓冲罐。旋停加料隔膜泵电位器旋钮，使电压为 0V，关闭加料泵电源开关。设定罐控温度为 0℃，停止原料罐加热。关闭电源分开关和总开关。按规程回收并处理实验产生的废液。

⑦ 故障处理

a. 如果料液浓度无变化或冷阱内物料浓度与原料液相同，说明膜破损或密封垫出了问题，应予更换。

b. 如果溶液温度控制失灵，应检查仪表和热电偶是否正常。

c. 如果流量没有或很小，停泵，检查泵内是否充满液体。

d. 如果真空度不足，说明管路漏气，应检漏；或其泵油位低，应补充液油或更换新油。

【实验操作注意事项】

（1）设备必须有效接地，以免发生触电危险。

（2）实验前必须了解各化学试剂的MSDS，安全使用化学试剂，妥善分类处置实验物料。

（3）加料罐的液位应在液面指示计的2/3以上处，确保物料淹没加热棒；注意料液温度，随时进行控温调节。

（4）加料泵严禁在无液体情况下运转，在通电运转前确认泵内充满液体方能启动。

（5）低温冷却介质如液氮等，温度很低，皮肤不可直接接触，以防止冻伤。液氮瓶属于易碎物品，须轻拿轻放。

（6）在任何情况下，膜组件均不允许出现反压，即不允许出现膜的透水侧压力大于给水侧或浓水侧压力；膜组件在启动与关闭时，应缓慢升压或降压，不能直接大幅度提高或降低压力，以防止对膜组件强烈冲击而导致损坏。

（7）若膜分离系统的压力不足，原因可能是系统漏或气体无排净，仔细查找漏点并解决或继续排气，直至符合要求为止。

（8）在正常运行一段时间后，给水中可能存在的悬浮物质或难溶物质会污染反渗透膜，应定期进行清洗。

（9）需将系统清洗干净后，再处理不同的料液。

【数据记录与处理】

（1）实验数据记录

实验数据记录可参考表4.17～表4.19。

表4.17 超滤实验数据记录表

日期：　　装置号：　　室温：　　℃　　同组人：

原水聚乙二醇浓度：　　mg/L　　膜面积：　　m^2

序号	压力/MPa	原水流量/(mL/min)	产水流量/(mL/min)	产水聚乙二醇浓度/(mg/L)	浓缩液聚乙二醇浓度/(mg/L)
1					
…					

表 4.18 反渗透实验数据记录表

日期：　　装置号：　　室温：　℃　　同组人：
原水电导率：　μS/cm　　膜面积：　m^2

序号	压力/MPa	原水流量/(mL/min)	产水流量/(mL/min)	产水电导率/(μS/cm)	浓缩液电导率/(μS/cm)
1					
…					

表 4.19 渗透蒸发实验数据记录表

日期：　　装置号：　　室温：　℃　　同组人：
初始原料液乙醇含量质量百分数：　%　　膜面积：　m^2

序号	采样时间	料液温度/℃	料液流量/(mL/min)	膜前后压差/kPa	循环料液中乙醇含量(质量分数)/%	产物累计质量/g	产物乙醇含量(质量分数)/%
1							
…							

（2）实验数据处理

根据实验设计进行数据处理，比较不同组别实验方案和结果，评价不同膜分离过程用于处理原料的分离性能、能耗等综合效能。

① 超滤实验

整理所得实验数据，计算超滤膜组件的纯水透过速率、截留率和纯水收率。

② 反渗透实验

讨论操作压差对浓缩液和纯化水电导率的影响，计算脱盐率和纯水回收率。

③ 渗透蒸发实验

在各个原料液流量和操作温度条件下，计算不同浓度原料，经一定处理时间后产物中乙醇的浓度、收率、分离因子和膜渗透通量，讨论操作条件对膜渗透蒸发性能的影响。

【思考题】

（1）预习思考题

① 查阅文献，简述用于水处理的膜过程及其发展趋势、对分离膜材质和性能的要求，从安全环保、经济成本方面讨论各种膜技术的优缺点。

② 查阅文献，了解超滤膜污染的原因及预防措施以及膜的清洗和保存方法。

③ 本实验提供的实验装置操作可能出现哪些安全隐患？如何制定相关应急处理预案避免事故发生？

④ 根据实验设计要求画出实验思维导图，包括实验步骤及实验设计方案中需要测定的参数和数据记录表格。画出实验装置图。

（2）课后思考题

① 如何确定本实验运行各个膜组件处理物料时的最大处理量？产生实验数据测量误差的主要原因有哪些？提出相应的改进措施。

② 超滤、反渗透和渗透蒸发膜组件的分离效率各与哪些因素有关？

③ 在渗透蒸发实验中，如果操作压力或料液温度过高，会对膜分离产生什么影响？

④ 应如何妥善处理3种膜分离过程各自产生的废液？

请扫描二维码获取膜分离综合实验相关数字资源，内容包括：

（1）实验装置实物照片

（2）相关动画视频

（3）实验步骤流程框图及思维导图

（4）文献导读信息

4.10 转盘塔液-液萃取实验

【实验目的】

（1）掌握液-液萃取操作原理，熟悉转盘萃取塔的结构和工艺特点。

（2）掌握实验测定液-液萃取传质单元高度的方法。

（3）学会分析外加能量对液-液萃取塔传质单元高度和传质系数的影响。

（4）了解萃取分离技术的发展现状和前沿，增强工程观念。

【实验原理】

萃取是重要的传质分离单元操作之一。以均相液体混合物为分离物系，通过引入另一不互溶或部分互溶液相（称为萃取剂或溶剂），利用溶质组分在不同液相中的溶解度差异，在浓差推动下，实现溶质组分在液-液相际间的传质分离。萃取剂应对溶质具有较强的溶解能力，且不互溶或部分互溶于原溶剂（即原料液中较难溶于萃取剂的组分）。

为了保证液-液相际间具有较好的传质效果，需要两液相能够密切接触、充分混合，传质后又能够较快地完全分离。液-液萃取设备通常为逐级接触式的混合-澄清槽以及微分接触式的塔设备。其中，转盘萃取塔结构简单、造价低廉、维修方便、具有较高的传质效率，是一种应用广泛的萃取设备。

转盘萃取塔（rotating disk contactor）是1951年荷兰皇家壳牌实验室开发的萃取设备，其结构如图4.15所示。在转盘萃取塔的塔体内壁面上按一定间距设置多个固定环，在旋转中心轴上以相同间距设置多个水平圆盘。萃取时，两液相对流流动，依靠密度差，轻相作为分散相从塔底向塔顶流动，在塔顶聚集分层形成相界面，并依靠重相出口的Ⅱ形管（上下可以移动）调节两液相界面维持在适当高度。轻相经顶部分离段后由塔顶采出；重相作为连续相，自塔顶向下流动，于塔底收集。

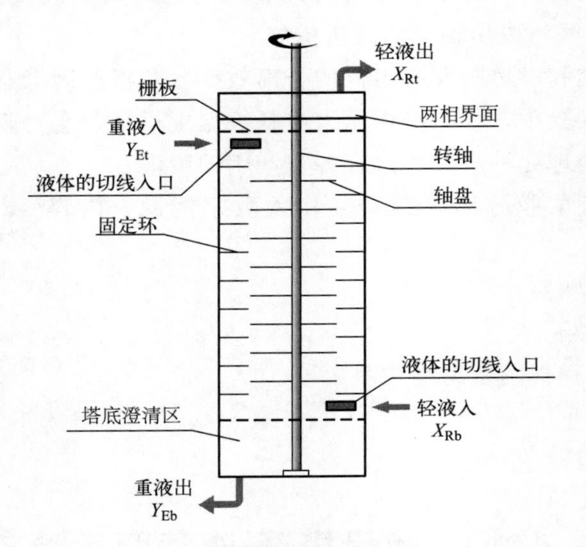

图 4.15　转盘萃取塔主体结构示意图

字母 Y 表示重相液浓度，X 表示轻相液浓度；下标 E 表示萃取相，下标 R 表示萃余相，下标 t 表示塔顶，下标 b 表示塔底

选择分散相时，应考虑两液相流量对相际间接触面积的影响、相界面张力对传质面积的影响、连续相黏度对传质和操作性能的影响以及环境安全性和成本等因素，通常将高成本、易燃易爆的物料作为分散相。当中心轴转动时，剪切应力作用可以保证连续相的涡流运动，同时促使分散相液滴变形、破裂更新。即使对于两液相界面张力较大的物系，旋转搅拌也可以增强两相分散强度，从而有效地增大传质面积、提高传质系数。而在塔壁固定环的抑制下，塔内的轴向混合可有效减弱。

转盘萃取塔结构简单，造价低廉，维修方便，且具有较高的传质效率，运转可靠。由于不易堵塞，该设备也适用于处理含有固体物料的场合，以及被视为化学反应器。

为保证萃取过程稳定操作，必须稳定进塔各股物料流量、组成、温度及其他操作条件。通过反复考察对过程变化比较敏感的组成参数，可判断过程稳定程度。实际操作中，从初始条件到各种被测量的数值达到相对稳定值，系统需要一定的运行周期。

萃取塔的非常规操作会引起塔内液泛。在逆流操作的萃取塔中，若分散相和连续相的流量过大，一方面会引起两相接触时间减少，降低萃取效率，另一方面两相流速加大还将引起流动阻力增加，当流速增大至某一极限值时，一相因流动阻力过大而被逆流的另一相夹带反向流动，最后由其自身入口处流出塔外。这种液体互相夹带的现象称为液泛，此时的速度称为液泛速度。液泛时塔内的正常操作被破坏，导致返混，因此萃取塔中的实际操作速度必须低于液泛速度。

与精馏、吸收等气液传质过程类似，对于转盘塔、振动塔、填料塔等微分接触式萃取传质设备，可以采用理论级当量高度法和传质单元法计算塔高。

传质单元法如式(4.67) 所示：

$$H=H_{OE}N_{OE} \tag{4.67}$$

式中，H 为萃取塔的有效传质高度，m；H_{OE} 为稀溶液时萃取相的传质单元高度，m；N_{OE} 为稀溶液时萃取相的传质单元数。

H_{OE} 和 N_{OE} 是萃取设计的两个重要参数。其中，传质单元数 N_{OE} 表示分离难易程度，N_{OE} 越大说明物系越难分离，需要较多塔板数或较高有效传质高度；传质单元高度 H_{OE} 表示萃取设备传质性能优劣，与设备结构、两相物性、操作条件及外加能量相关。

本实验采用水-煤油-苯甲酸物系，以水为萃取剂，从煤油中萃取苯甲酸，水与煤油完全不互溶。利用转盘萃取塔测定传质单元高度，分析外加能量对液-液萃取塔传质单元高度和传质系数的影响。水相为萃取相（E，本实验中为连续相、重相），煤油相为萃余相（R，本实验中为分散相、轻相）。在萃取过程中，溶质组分苯甲酸部分地从萃余相转移至萃取相。

利用式(4.68)，按萃取相计算传质单元数 N_{OE}：

$$N_{OE}=\int_{Y_{Et}}^{Y_{Eb}}\frac{dY_E}{Y_E^*-Y_E} \tag{4.68}$$

式中，Y_{Et} 为进入塔顶的萃取相中苯甲酸质量比组成，kg 苯甲酸/kg 水，本实验中 $Y_{Et}=0$；Y_{Eb} 为离开塔底的萃取相中苯甲酸质量比组成，kg 苯甲酸/kg 水；Y_E 为塔内某一高度处萃取相中的苯甲酸质量比组成，kg 苯甲酸/kg 水；Y_E^* 为与塔内某一高度处萃余相组成呈平衡的萃取相中苯甲酸质量比组成，kg 苯甲酸/kg 水。

用 X_{Rt} 表示塔顶萃余相组成，将 $Y_E\sim X_{Rt}$ 作图，根据分配曲线与操作线，可求得 $\frac{1}{Y_E^*-Y_E}$ 与 Y_E 的关系，再进行图解积分求得 N_{OE}。

对于水-煤油-苯甲酸物系，$Y_E\sim X_{Rt}$ 图上的分配曲线可经实验测定得出。萃取相和萃余相的进、出口浓度可由容量分析法测定。考虑到水与煤油完全不互溶，且苯甲酸在两相中的浓度都很低，可认为在萃取过程中两相的体积流量不发生变化。相平衡曲线可近似为过原点的直线，操作线也简化为直线处理。

由式(4.67) 和式(4.68) 可求出 H_{OE}。实验中，通过改变直流电机的电压改变转盘萃取塔的转动频率 N，从而调节外加能量的大小，测取一系列分散相（油相）中苯甲酸含量，并通过物料衡算求得连续相（水相）的出口浓度，即可计算得到一系列 H_{OE}。通过绘制 $H_{OE}\sim V$ 关联图，得到 H_{OE} 与外加能量之间的关系。

体积总传质系数 K_ya 可通过式(4.69) 按萃取相计算：

$$K_ya=\frac{q_{mE}}{H_{OE}\Omega} \tag{4.69}$$

式中，a 为萃取塔单位体积中两相界面面积，m^2/m^3；K_y 为以萃取相组成表示传质推动力的总传质系数，kg/（$m^2\cdot s$）；q_{mE} 为萃取相的质量流量，kg/s；Ω 为萃取塔的截面积，m^2。

【实验装置及流程简介】

（1）实验装置

转盘萃取塔液-液萃取实验装置流程如图 4.16 所示。轻相储槽内装有苯甲酸的煤油溶液，由轻相泵输送，经轻相流量计计量后进入玻璃转盘萃取塔底部。重相储槽内装有纯化水的萃取剂，由重相泵输送，经重相流量计计量后到达玻璃转盘萃取塔顶端。在转盘萃取塔内，水-煤油两液相依靠密度差对流接触传质，进行苯甲酸萃取分离。轻相作为分散相从塔底向塔顶流动，在塔顶聚集分层，形成相界面，并依靠重相出口的Ⅱ形管（可以上下移动）调节两液相的界面维持在适当高度。轻相煤油经塔顶部分离段后由塔顶流出至萃余相储槽；重相作为连续相，自塔顶向下流动，经塔底澄清段后由出口收集，回收于收集桶。

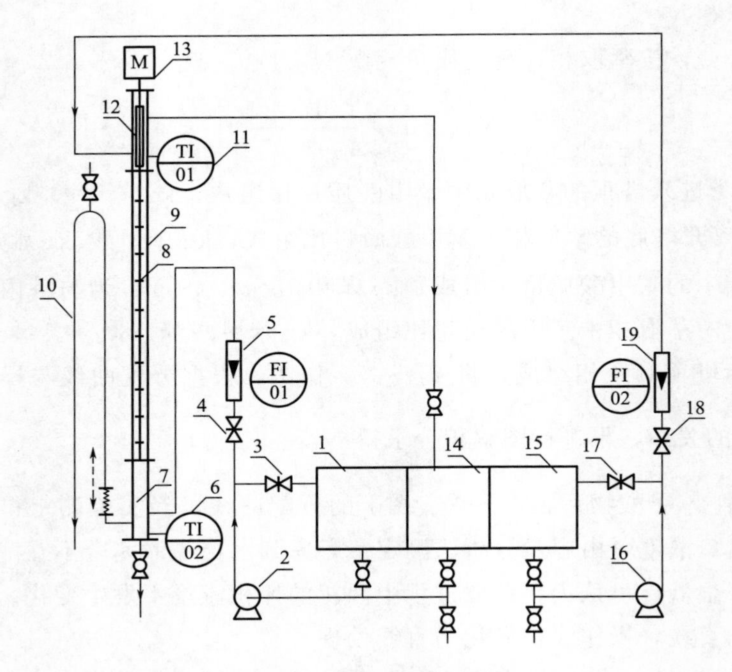

图 4.16 转盘萃取塔装置流程示意图

1—轻相储槽；2—轻相泵；3—轻相泵旁路阀；4—轻相流量调节阀；5—轻相流量计；6—塔底温度计；7—塔底澄清段；8—搅拌桨；9—玻璃转盘萃取塔；10—Ⅱ形管；11—塔顶温度计；12—玻璃视窗；13—搅拌电动机；14—萃余相储槽；15—重相储槽；16—重相泵；17—重相泵旁路调节阀；18—重相流量调节阀；19—重相流量计

（2）主要部件技术参数

① 萃取塔：桨叶式转盘萃取塔，塔径 D＝74mm，塔身高 1000mm，塔的有效高度 H＝750mm，塔内由 13 个环形隔板将塔分为 12 段，相邻两隔板间距为 50mm。

② 水泵、油泵：CQ 型磁力驱动泵，型号 16CQ-8，工作电压 380V，功率 180W，扬程 8m，吸程 3m，流量 30L/min，转速 2800r/min。

③ 转子流量计：不锈钢材质，型号 LZB-4，流量 1.6～16L/h，精度 1.5 级。

④ 电动机：直流电动机，无级调速器的调速范围为 0～1500r/min。

实物照片详见本实验文末二维码链接的数字资源。

【实验设计要求】

通过分组，完成以下实验中的一项或多项。

（1）设计实验，利用转盘萃取塔测定水-煤油-苯甲酸物系的传质单元高度（**物系平衡参数请参考**二维码链接资源），计算传质系数，分析外加能量对液-液萃取塔传质单元高度和传质系数的影响。

（2）设计实验，利用转盘萃取塔测定其他物系，如正辛醇-水-苯酚物系的传质单元高度（**物系平衡参数请参考二维码链接文献资源**），分析外加能量对液-液萃取塔传质高度和传质系数的影响，并与水-煤油-苯甲酸物系萃取效果进行比较。

【实验方法及操作步骤】

（1）在实验装置轻相储槽内放满苯甲酸浓度为 0.0015～0.0020kg 苯甲酸/kg 煤油的煤油，作为轻相；在重相储槽内充满水，作为重相。分别闭合接通轻相泵和重相泵的电闸，将两相的回流阀打开，使其循环流动。

（2）全开重相流量调节阀，将重相水（连续相）送入塔内。当塔内水面接近重相入口与轻相出口间距的中点时，将水流量调至指定值（4L/h），并缓慢改变 Π 形管高度，使塔内液位稳定在重相入口与轻相出口间中点左右的位置。

（3）将搅拌电动机调速装置的旋钮调至零位，接通电源，开动电动机并调至某一固定的转速。调速时应小心谨慎，慢慢地升速，严禁调节过量致使马达产生“飞转”而损坏设备。搅拌电动机转速与电压的关系可由表 4.20 或式(4.70) 获得。

表 4.20　萃取设备的搅拌电动机转速与电压关系

项目	参数					
电压 V/V	6	8	10	12	14	16
转速 N/(r/min)	210	287	356	440	520	596

搅拌电动机转速 N 与电压 V 的近似关系式：

$$N=38.76V-23.33 \tag{4.70}$$

（4）将轻相煤油（分散相）流量调至指定值（6L/h），并注意及时调节 Π 形管的高度。在实验过程中，始终保持塔顶分离段两相的相界面位于重相入口与轻相出口间中点左右。

（5）操作稳定约 30min 后，用锥形瓶收集轻相进、出口的样品各约 40mL，重相出口样品约 50mL，分析浓度。

（6）取样后，即可通过改变搅拌电动机的电压 V 调节转盘萃取塔的转动频率 N，保持其他条件不变，测取一系列相应的分散相煤油中苯甲酸的含量。轻相入口处，苯甲酸在煤油中的浓度应保持在 0.0015～0.0020kg 苯甲酸/kg 煤油之间为宜。

(7) 用容量分析法测定各样品的浓度。用移液管分别移取 10mL 煤油相样品、25mL 水相样品，以酚酞为指示剂，用 0.01mol/L 的 NaOH 标准溶液滴定样品中的苯甲酸。在滴定煤油相时，应在样品中加数滴非离子表面活性剂脂肪醇聚乙烯醚硫酸酯钠盐（醚磺化 AES），也可加入其他类型的非离子表面活性剂，并激烈地摇动滴定至终点，溶液呈粉红色。每个样品重复分析 3 次，计算 NaOH 标准溶液平均消耗量。

(8) 实验完毕后，关闭两相流量计。将搅拌电动机的调速器调至零位，停止转盘，关闭设备总电源。滴定分析过的煤油应集中回收存放。清洗和整理分析用器皿，保持实验台面的整洁。

【实验操作注意事项】

(1) 调节搅拌电动机转速时应缓慢升速，勿剧烈增速而“飞转”马达导致设备损坏。最高转速不超过 600r/min。考虑流体力学性能，转速太高易致塔内液泛，操作不稳定。对于煤油-水-苯甲酸物系，建议在 500r/min 以下操作。

(2) 在整个实验过程中，应利用 Π 形管控制塔顶两相界面在位于轻相出口和重相入口之间的适中位置，并保持不变。操作应绝对避免塔顶的两相界面过高或过低，否则两相界面过高至轻相出口高度，会导致重相混入轻相储槽。

(3) 由于分散相和连续相在塔顶、塔底滞留，改变操作条件后，稳定周期要足够长，一般不少于 30min，否则误差极大。

(4) 煤油的密度不同于水，其实际体积流量并不等于流量计的读数，需用煤油的实际流量数值时，必须对流量计的读数进行修正后方可使用。

(5) 煤油流量不要太小或太大。太小会使煤油出口的苯甲酸浓度太低，从而导致分析误差较大；太大会使煤油消耗增加。

(6) 煤油为高闪点易燃液体，现场严禁烟火。具体安全防护措施详见涉用化学品安全信息说明。

【实验数据记录与处理】

(1) 实验数据记录

实验数据记录与结果整理格式可参考表 4.21。

(2) 实验数据处理

① 根据实验设计要求绘制实验数据记录表，记录连续相流量、搅拌电机的转速、轻相及重相取样体积、NaOH 标准溶液的精确浓度及消耗体积等数据。计算不同转速下萃取塔的传质单元数、传质单元高度及体积总传质系数，并以其中一组数据为例列出详细计算过程。

② 在不同的搅拌电动机电压 V 下测取一系列 H_{OE}，绘制 H_{OE}～V 关系曲线，讨论 H_{OE} 与外加能量之间的关系。

表 4.21　萃取塔性能测定数据记录表

日期：	装置号：	室温：　℃	同组人：
塔型：转盘萃取塔	塔内径：　mm	溶质 A：苯甲酸	稀释剂 B：煤油
萃取剂 S：水	连续相：水	分散相：煤油	重相密度：　kg/m^3
轻相密度：　kg/m^3		流量计转子密度 ρ_f：　kg/m^3	
塔的有效高度：　m		塔内温度：　℃	

项目			实验 1	实验 2
搅拌转速/(r/min)				
水转子流量计读数/(L/h)				
煤油转子流量计读数/(L/h)				
校正得到的煤油实际流量/(L/h)				
浓度分析	NaOH 溶液浓度/(mol/L)			
	塔底轻相 X_{Rb}	样品体积/mL		
		NaOH 用量/mL		
	塔顶轻相 X_{Rt}	样品体积/mL		
		NaOH 用量/mL		
	塔底重相 Y_{Bb}	样品体积/mL		
		NaOH 用量/mL		
计算及实验结果	塔底轻相浓度 X_{Rb}/(kgA/kgB)			
	塔顶轻相浓度 X_{Rt}/(kgA/kgB)			
	塔底重相浓度 Y_{Bb}/(kgA/kgB)			
	水流量 S/(kgS/h)			
	煤油流量 B/(kgB/h)			
	传质单元数 N_{OE}(图解积分)			
	传质单元高度 H_{OE}			
	体积总传质系数 $K_{Ye}a$/{kgA/[m^3·h·(kgA/kgS)]}			

③ 不同实验方案的结果进行比较，评价转盘萃取塔的分离性能。

【思考题】

(1) 预习思考题

① 查阅文献，简述液-液萃取分离技术的适用范围，列举几种新型萃取技术。简述萃取废水处理技术对社会、健康、安全、法律、文化等方面的影响。

② 了解萃取塔的结构与基本操作流程，能够正确绘制出实验设计方案的思维导图和装置图，明确方案中需要测定的参数。

③ 萃取剂的选取原则是什么？在本实验中为什么要选择水为连续相？

④ 试从安全环保角度讨论转盘萃取实验操作的注意事项。如何妥善处理实验后得到的各种液体物料？

⑤ 本实验装置中水相出口为什么要采用Π形管？Π形管的高度怎样确定？

（2）实验后思考题

① 为避免萃取塔发生液泛，应控制哪些操作条件？

② 分散相液滴大小对萃取传质过程的影响如何？外加能量愈大，是否对萃取塔内的传质过程愈有利？为什么？

③ 如何优化萃取塔的操作条件（温度、流量、搅拌速度等），改进萃取效率？

④ 对实验中传质高度和传质系数计算结果进行误差分析。

请扫描二维码获取液-液萃取实验相关数字资源，内容包括：

（1）装置实物照片

（2）转盘萃取塔动画视频

（3）实验步骤流程框图及思维导图

（4）液-液萃取实验数据处理示例

（5）正辛醇-水-苯酚物系的平衡参数（25℃）

（6）文献导读信息。

第5章 演示实验与仿真实验

5.1 雷诺演示实验

【实验目的】

（1）观察流体在管内的流动状态，掌握流体层流、过渡流和湍流等流型的特点，了解流体在管内做层流流动时的流速分布特征。

（2）理解雷诺数的物理意义，了解雷诺数的测定方法，熟悉层流、湍流时的雷诺数值以及流动类型转变时的临界雷诺数。

【实验原理】

流动的流体常表现出不同流型，其中稳定流型包括层流（或称滞流，laminar flow）和湍流（或称紊流，turbulent flow），不稳定流型为过渡流。1883年英国科学家雷诺（Reynolds）通过染色液体的流动实验发现了流体的不同流型。层流时，流体质点沿平行于管轴线方向直线运动，无径向脉动；湍流时，流体质点除沿管轴线方向流动外同时伴有径向脉动，宏观上可观察到紊乱的不规则运动。

雷诺实验不但观察到流体的流动类型，还提供了判断流动状态的依据，即雷诺数（Re）。雷诺数为无量纲数群，表示惯性力与黏滞力的比值。

若流体在圆管内流动，雷诺数可用式(5.1）表示：

$$Re=\frac{du\rho}{\eta} \tag{5.1}$$

式中，d 为圆管内直径，m；u 为管内流速，m/s；ρ 为流体密度，kg/m^3；η 为流体黏度，Pa・s。

理论上，流体在圆管内层流流动时，$Re<2000$，管截面上流体质点速度分布成抛物线型，管中心处流体质点速度最大，而愈靠近管壁速度愈小。实验演示中，可从三维角度观察到管截面上流体质点流速分布为旋转抛物面形状。流体在圆管内湍流流动时，$Re>4000$，流体质点除了沿管轴方向前行外在其他方向也会出现不规则的脉动现象。

而介于层流和湍流中间的过渡流，$2000 \leqslant Re \leqslant 4000$，流动型态不稳定，层流和湍流均可能出现。

本实验通过改变管内流水流速观察不同雷诺数下的流体流型变化。当水流速较小时，指示液沿管中心呈一条稳定的水平细线向前流动，无典型径向脉动，此时管内主要为层流流动；随着水流速的提高，指示液除水平流动外同时逐渐开始出现较小的径向波动，表现为波浪形细线，即为过渡流阶段；当流速继续提高，流体质点突破流体层间约束，出现明显的径向脉动，质点间强烈碰撞和混合，此时指示液充满整个管路，即发生湍流流动。

雷诺实验对外界环境要求较严格，应避免环境中的振动干扰。普通实验室无法完全避免震动干扰，加上管件规格不均一等原因，均会引起实验误差，使实际层流雷诺数介于1600～2000。

【实验装置及流程简介】

（1）实验装置

如图5.1所示，实验装置主体部分由储水槽、玻璃转子流量计、变频器控制的离心泵、热电偶温度传感器搭配人工智能仪表等部件构成。示踪指示剂采用水溶性彩色墨水，将其注入墨水瓶，并经连接管和细孔喷嘴注入透明有机玻璃管。注射管细孔喷嘴（或注射针头）位于实验导管入口的轴线部位。水流量可由流量计下方的调节阀调节。实验前，应先将自来水充满储水槽，关闭流量计前的调节阀，待自来水充满离心泵后，启动离心水泵，开启流量计前的调节阀，水流经流量计和待观测导管，最后流回低位储水槽。

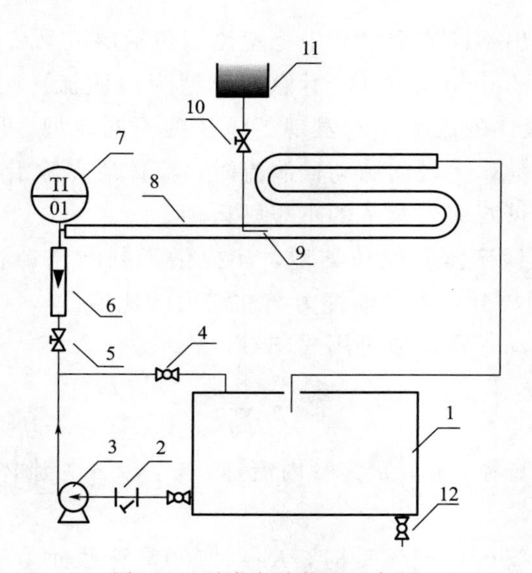

图5.1 雷诺实验装置示意图

1—储水槽；2—过滤器；3—离心泵；4—水泵回水阀；5—流量调节阀；6—转子流量计；7—温度计；8—透明有机玻璃管；9—细孔喷嘴；10—墨水进液阀；11—墨水瓶；12—放水阀

（2）主要部件技术参数

① 储水槽：不锈钢材质，容量 0.5m^3。

② 玻璃转子流量计：40～400L/h。

③ 实验观测管道为透明有机玻璃管，内径 14mm 以上，全长 1.20m，由 3 段水平直管和 2 个 180°弯头组成。

④ 热电偶测温探头及人工智能仪表：AI-501，厦门宇电。

【实验方法及操作步骤】

（1）实验前准备工作

① 向墨水瓶中加入适量稀释过的彩色墨水，作为实验用的指示剂。仔细调整示踪指示剂注入位置，使墨水出口针头尖端与管路平行，且置于实验透明玻璃管的中心轴线上。

② 使自来水充满储水槽。开启离心泵进水阀灌泵，关闭泵出口阀，关闭离心泵和水槽间的回水阀，启动离心泵。待其运行稳定后，打开转子流量计下方的流量调节阀，排除系统内的空气。

③ 排除墨水注入管中的气泡，使墨水充满细管内部。

（2）雷诺实验演示过程

① 调节水泵流量调节阀，维持初始进水流量尽可能低，让水缓慢流过曲形玻璃导管并稳定。

② 缓慢地打开墨水进液阀，即可观察当前流量下透明玻璃管内的水流动状态（层流）。注意使有色墨水的注入流速与透明玻璃管中的水流速相适应，一般以略低于水的流速为宜。待流动稳定后，在实验导管的轴线上可观察到一条平直的有色细流。同时，在水平管右端弯头处可观察到涡流现象。记录此时水的温度和流量。

③ 缓慢打开水泵流量调节阀，逐步提高透明玻璃管内的水流速，观察水的流动状态（过渡流、湍流），即墨水流线形态的逐步演变：从直线微动，细线扰动，呈波状或螺旋形态前进，然后出现断裂、旋涡、混合，直至逐渐消失。同时记录各种现象及其对应水流量，计算相应的雷诺数。当流速继续增大时，墨水进入透明导管后，立即呈烟雾状分散在整个导管内，引起整个管内流体均被染色。

（3）流体在圆管内流动速度分布演示实验

启动离心泵，将进口阀打开，用水将系统内空气排除后关闭进口阀，打开墨水进液阀，使少量墨水进入清水不流动的待测透明玻璃管内。待管路稳定后，以较低开度开启进水流量调节阀，使墨水缓慢随水运动，则可清晰地观察到墨水团前端的分散形态，即旋转抛物面，面上所有点对应墨水质点流动形成的抛物面状速度分布。

（4）实验结束

① 关停墨水进液阀。

② 待透明玻璃导管冲洗干净，关闭流量计前的流量调节阀，使清水停止流入测试

管道。关闭离心泵电源，视水的实际染色情况更换储水槽内清水。

③ 较长时间不用时，应将装置内各处的存水放净。

【实验操作注意事项】

（1）观察层流流动时，为了使层流状况能较快地形成且保持稳定，首次进水流量应尽可能小。

（2）勿人为震动干扰实验装置和实验环境。为减小震动，可采取稳妥固定透明管的支架等措施。

【实验数据记录与处理】

（1）实验数据记录

实验数据记录可参考表 5.1。

表 5.1 雷诺实验数据记录表

序号	水温/℃	流量读数/(L/h)	流动形态	*Re* 值
1			层流	
2			过渡流	
3			湍流	
4				

（2）实验数据处理

① 查得实验水温下水的密度和黏度，由转子流量计的读数校正公式计算出校正后流量读数。

② 由式(5.1) 计算各流量下的雷诺数，讨论流动形态转变时的临界雷诺数。

【思考题】

（1）为什么要研究流体的流动类型？它在化工领域以及其他工程领域有什么意义？

（2）影响流体流动类型的因素有哪些？

（3）实验中出现湍流现象时，计算得到的雷诺数下限约为多少？该数值与理论上常用的圆形管道中湍流雷诺数是否一致？主要原因是什么？

（4）如何观测随流量变化时层流底层处流体的流动现象？

二维码链接数字资源：文献导读信息

5.2 板式塔流体力学演示实验

【实验目的】

（1）熟悉不同板式塔的塔板结构，了解塔板流体力学特性。

（2）观察板式塔内流体的非理想流动和异常流动现象，分析其产生原因，测量并计算板式塔操作弹性。

（3）分析板式塔的流体力学性能对气液相传质及分离性能的影响，培养工程观念。

【实验原理】

板式塔是化工分离的核心设备之一，广泛应用于精馏、气体吸收、萃取等化工单元操作。板式塔属于逐级接触式气液传质设备，塔内气液两相接触主要发生在塔板上。塔板上的气液接触状态受到两相流动状态及塔板结构的影响，并最终影响分离效果。

（1）溢流型塔盘分布

错流流动的溢流型塔板（盘）是工程中应用最广泛的塔板类型之一，主要由溢流堰、降液管和受液盘等组成。

溢流型塔板可分为3个区域，即溢流区、鼓泡区和无效区。

降液管所占的部分称为溢流区。降液管的作用除保证液体顺利向下流动外，还可保证降液管液体夹带的气泡充分逃逸，避免气泡被夹带至下一层塔板造成返混，影响传质效率。溢流区面积一般不超过塔板总面积的25％。

塔板开孔部分是上升气相的主要通道，气体经过板孔，在塔板液层内形成气泡，因此被称为鼓泡区。该区域是气液两相发生传质的主要场所，也是区分不同类型塔板的依据。

无效区：液体自降液管开始进入塔板时，容易从板孔漏下，故须设置塔板的不开孔区，称为入口安定区。相似地，塔板上液体出口处，为避免进入降液管液体中泡沫夹带较多，也应设定不开孔区消除泡沫，该区域又称破沫区或出口安定区。

（2）板式塔气液两相接触状态

板式塔正常操作时，液体经降液管流至下一层塔板，与塔板上升气体错流接触，在传质区内完成组分分离，经出口溢流堰进入下一降液管。气体在塔压作用下自下而上依次穿过塔板的板孔和板上液层，应维持塔内总压降以满足气体流动需求。塔板上的气液相接触状态会显著影响塔内气液相流动状态和塔传质分离能力。为了研究塔板的流体力学特性，一般通过空气-水体系的塔板冷模实验观察塔板上气液相流动和接触情况。

随着气速升高，塔板上气液两相接触状态依次经历以下阶段。

第一阶段：鼓泡接触状态。当气速很低时，气体通过塔板开孔时分散成气泡，在板上液层中浮升。此时，气泡的数量较少，气液混合物中的液体为连续相，两相接触界面积不大，传质效率很低。

第二阶段：蜂窝状接触状态。随着气速提高，气泡数量有所增加。当气泡形成速度大于气泡浮升速度时，气泡在液体中不断累积、相互碰撞聚并形成大气泡，整体形似大面积蜂窝。而由于气泡粘连不易破裂，气相表面无法及时更新，影响传热和传质效果。

第三阶段：泡沫接触状态。随气速上升，气泡数量急剧增加并不断发生碰撞和破裂，板上液体大部分以液膜的形式存在于气泡之间，形成直径较小、扰动强烈的动态泡沫。泡沫接触状态的气液接触面积大，更新迅速，有利于传质和传热。

第四阶段：喷射接触状态。当气速进一步提高时，液相被分散成液滴群，导致泡沫层破坏，气相变为连续相，液相变为分散相，形成喷射态。在此状态下，分散的液滴表面为传质面，由于液滴多次分散与合并，表面不断更新，为气液两相传质创造了良好的条件。气液两相的泡沫态向喷射态的转变是一个渐变的过程，常见泡沫态和喷射态的混合接触状态。

此外，对于高压塔内高液相流量，在气泡形成初期，还可能出现细小气泡夹带至液相而形成均匀两相混合物，出现“乳化态”。

工业应用时，板式塔的塔板上气液两相的接触状态一般控制为泡沫态或喷射态。

(3) 塔板上气液两相非理想流动状态

塔板上气液两相理想流动需要两相充分接触，质量分布均匀，传质面积大，传质阻力小。但在实际操作中，无法避免一些非理想流动情况，且属于板式塔的正常操作。

① 返混现象。与主流方向相反的流动称为返混现象，包括液相返混的液沫夹带和气相返混的气泡夹带。

当气速很高时，可将板上液体向塔板上方喷射为大小不等的液滴，其中直径较小的液滴被气体带至上一层塔板，形成液沫夹带。液滴不断地被喷射后又落回到塔板上，为传质提供了较大的两相接触面积和较高的表面更新速率，利于传质和传热。但过量液沫夹带会引起液相的反向流动，塔板间液相流量降低，甚至导致液沫夹带液泛，影响塔板传质效率，并引发安全隐患。

塔板上与气体充分接触后的液体越过溢流堰进入降液管时不可避免地夹带气泡。若这些气泡在降液管内来不及逃逸，将被带至下层塔板，形成气泡夹带。为了降低气泡夹带量，通常要求降液管内液体的停留时间大于 3～5s，保证液体中夹带的气泡能够充分释放。

② 气液两相的不均匀分布。塔板上气相和液相均存在不均匀分布现象。塔板上各点气体流速相等时气体具有理想均匀分布。但液体横向流过塔板时要克服流动阻力，引起塔板液面的落差，导致塔板气流分布不均，对传质不利。板上液体流量愈大，流动距离愈长，液面落差也愈大。

(4) 板式塔的异常操作状态

板式塔操作中，应控制适宜的下降液体流量和上升气速，以保证气液两相有效传质。为使板式塔操作状态稳定，必须避免板式塔的异常流动现象，包括严重漏液、液泛等。

① 严重漏液。当气体通过塔板开孔的速度较低时，由于塔板摩擦阻力和液层静压力以及液体表面张力的作用，气体上升动能不足以阻挡塔板上液层下降的重力，液体会透过板上开孔漏至下一层塔板，发生漏液。当漏液量约占总塔内液相流量的10%时，即为严重漏液现象。此时的操作气速称为严重漏液点气速，为板式塔操作的最小气速。

② 液泛。如果塔内液相流动不畅而在塔板上累积，最终导致液相充满整个塔板之间的空间，破坏塔的正常操作，这种现象称为液泛。液泛时，塔内压降大幅度上升，并剧烈波动。液泛可由过量液沫夹带（常见于低压精馏塔）或降液管压降过大（常见于高压精馏塔）引起，会造成塔板传质及分离效率恶化。因此，需要控制上升气速低于液泛气速，也即板式塔操作的最大气速。

板式塔的操作弹性可以用气相流量的操作上限与下限之比表示，如式(5.2)所示：

$$操作弹性=\frac{q_{\mathrm{vv,max}}}{q_{\mathrm{vv,min}}} \tag{5.2}$$

式中，$q_{\mathrm{vv,max}}$ 为气相体积流量上限，m^3/s；$q_{\mathrm{vv,min}}$ 为气相体积流量下限，m^3/s。

操作弹性是衡量板式塔水力学性能的重要指标。操作弹性越大，板式塔可以稳定操作的气液两相流量范围越宽，板式塔的处理能力越大。

（5）常用塔板类型

① 泡罩塔

泡罩塔板是工业中应用最早的塔板类型。它的主要元件为升气管及泡罩，泡罩安装在升气管的顶部，主要有圆形和条形两种，其中圆形泡罩使用较广。泡罩的下沿周边开有很多齿缝，齿缝一般为三角形、矩形或梯形。

操作时，液体横向流过泡罩塔板，并维持一定厚度，泡罩齿缝则应浸没于液层中形成液封。升气管的顶部应高于泡罩齿缝的上沿，以防止液体从升气管溢留。上升气体通过齿缝进入液层时被分散成许多细小的气泡或气流，鼓泡进入塔板液层，为气液两相的传热和传质提供较大的接触面积。

升气管和泡罩结构使泡罩塔板在很低的气速下操作时也不易发生严重漏液，当气液负荷波动较大时仍可以稳定操作，保证塔板效率，具有较大的操作弹性。此外，泡罩塔板不易堵塞，适用于处理各种物料。然而，泡罩结构复杂、造价较高，板上液层较厚，气体流径曲折，塔板阻力大，生产能力及板效率低，近年来已逐渐被其他型式的塔板取代。

② 筛板塔

筛孔塔板简称筛板，塔板上开有许多均匀的筛孔，筛孔在塔板上通常为三角形排列，塔板上设计溢流堰，以保证一定的液层厚度。

操作时，上升气体经筛孔分成小股气流，鼓泡通过液层，气液间密切接触进行传热和传质。正常操作时，通过筛孔上升的气流须有效阻止液体流经筛孔，以避免严重漏液。

筛板结构简单、造价低，板上液面落差小、气体压降低，生产能力较大，气体分散均匀，板效率较高，近年来应用日趋广泛。但筛孔易堵塞，不宜处理易结焦、黏度大的物料。

③ 浮阀塔

浮阀塔板在筛板和泡罩塔板的基础上发展起来，结合了二者的优势。

操作时，由阀孔上升的气流经阀片与塔板间隙沿水平方向进入液层，气液接触时间增加。浮阀开度则随气体负荷而变，在低气量时开度较小，气体可以允许低速通过缝隙，避免严重漏液，而在高气量时阀片自动浮起，开度增大，维持气体顺利流通。

浮阀塔板结构简单，制造方便，造价较低；塔板开孔率高，生产能力大；由于阀片可随气量变化自由升降，操作弹性大；因上升气流水平吹入液层，气液接触时间较长，提供了较高的塔板效率。但在处理易结焦、高黏度液体过程中，易导致阀片与塔板粘结，也容易出现阀片脱落或卡住等现象。近年有关浮阀塔板的开发研究很活跃，各种新型浮阀塔板不断涌现。

④ 舌形板塔

舌形塔板是喷射型塔板的一种。通常在塔板上冲出许多固定角度的舌孔，其张开方向与塔板液体流向相同。舌孔按正三角形排列，塔板的液体流出侧不设溢流堰，只保留降液管。

操作时，上升的气流沿舌片喷出，来自上层塔板降液管的液体流过舌孔时即被喷出的气流强烈扰动而形成液沫，沿开口方向被喷射至液层斜上方，喷射的液流接触塔壁后流入降液管中，进入下层塔板。

舌形塔板因开孔率较大，可采用较高的空塔气速，故生产能力较大；因气体通过舌孔斜向喷出，气液两相并流，利于液体流动，降低液面落差，板上液层减薄，塔板压降减小；同时液沫夹带量减少，板上无返混现象，故传质效果好。但是气流通过舌形塔板截面积是固定的，使塔板操作弹性小；被气流喷射的液流在通过降液管时会夹带气泡至下层塔板，导致塔板效率明显下降。

板式塔在各种分离工艺过程中应用广泛。开发传质效率高、压降小、通量大的新型塔板和塔内件，始终是提升板式塔技术水平的核心。

⑤ 其他

除了上述塔板类型之外，其他喷射型塔板如浮舌塔板和浮动喷射塔板，以及改进型塔板如多降液管塔板、导向筛板等，也已研发与应用。

本演示实验中，将观察不同类型塔的塔板气液两相接触状态，测定严重漏液点和液泛点，计算塔板的操作弹性。

【实验装置与流程简介】

板式塔流体力学实验装置流程如图 5.2 所示。装置主体为直径 100mm、板间距 150mm 的 4 个有机玻璃塔，分别安装有并联的筛塔板、浮阀塔板、舌形塔板和泡罩塔板，配以储水槽、旋涡气泵、离心水泵、U 形压差计、气液转子流量计、相应的管线和阀门、测温热电偶及智能显示仪表、供电系统及开关等部件。离心水泵输送储水槽内自来水，由进液流量调节阀控制，经液体转子流量计计量后到达塔顶。根据实验需要开启不同塔顶部进水阀门，水从进水口入塔，自上而下经过各个塔板，最终经塔底出口管流回储水槽；室内空气被旋涡气泵输入系统，其流量由气泵出口放空阀和进气流量调节阀共同控制，空气经气体转子流量计计量后从塔底进气口输入塔内，自下而上经过各个塔板，最后从塔顶放空口放空。塔的压降由U形压差计测量，结合水温计算。

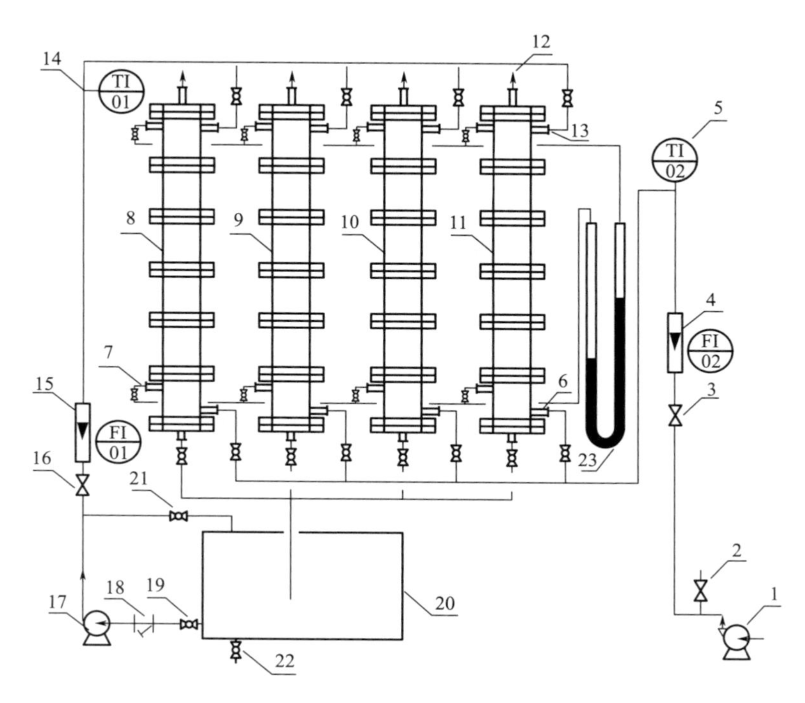

图 5.2　板式塔流体力学实验装置流程图

1—旋涡气泵；2—气泵出口放空阀；3—进气流量调节阀；4—气体转子流量计；5—进气温度计；6—进气口；7—塔底测压口；8—筛板塔；9—浮阀塔；10—舌形板塔；11—泡罩塔；12—放空口；13—进水口；14—进液温度计；15—液体转子流量计；16—进液流量调节阀；17—离心水泵；18—过滤器；19—离心泵进水阀；20—储水槽；21—离心泵回水阀；22—排水阀；23—U形压差计

【实验方法及操作步骤】

本演示实验中，可以现场观察不同板式塔的塔板结构；通过控制流体流速，获得板式塔塔板上气液两相的不同接触状态；测定并比较相同流速下不同塔板结构的塔内压降；通过观察板式塔流体力学实验装置的运行状态与工艺参数研究不同类型塔板的严重漏液点和液泛点，也即板式塔的操作极限；比较研究各种板式塔的操作弹性。

（1） 实验前准备工作

实验开始前，应仔细观察各种塔板结构和装置流程。检查离心水泵和旋涡气泵电源，并保持所有阀门全关状态。

(2) 实验演示过程

以筛塔板自下而上第二块塔板为例，介绍该塔板流体力学性质演示操作。

首先将离心水泵进口连通储满水的水槽，灌泵，开启各塔底排液阀，回水管接入储水槽，关闭水泵出口进液流量阀，启动和运行水泵。水泵运行稳定后，打开水泵出口进液流量阀，观察水流从塔顶入塔的速度和塔板持液量，通过液体转子流量计及其入口进液流量调节阀调节液相流量，以达到各塔板上均持有 0.5～5cm 相对稳定的液层厚度，并且液层能保持稳定流动的流量为宜。

改变气速，演示不同气速下塔的运行情况。打开旋涡气泵出口进气流量调节阀，打开筛板塔底对应的气体进口阀，开启旋涡气泵电源。实验过程中，应注意塔底与储水槽的回水管口处应有液封，以免漏气；禁止堵塞旋涡气泵的入口或出口，以免损坏电机。在水流量固定情况下（不同塔板结构的水流量有所不同），通过气体转子流量计自小而大逐步调节气体流量，观察塔板上气液接触的几个不同阶段，即依次从严重漏液至鼓泡、泡沫和雾沫夹带，至最后液泛。

具体演示观测要点为：

① 进气流量调节阀开度较小时，塔板上不出现鼓泡现象。若再关小进气阀，则显著可见塔板开孔处的漏液。漏液量约占总塔内液相流量的 10%时，为气、液流量对应塔板的严重漏液点。

② 进一步开大进气流量调节阀，当气速低于正常气速时，气液两相为鼓泡接触状态，接触面积不大，泡沫层不明显，属于各类型塔的低效传质阶段。

③ 逐渐提高进气流量，处于正常操作气速时，泡沫层高度适中，气泡均匀，是各类型塔正常运行状态。

④ 进气流量调节阀开度过大时，随气速上升，可见泡沫层过高，并有大量液滴向泡沫层上方喷溅，出现液沫夹带现象，表示气速超过正常操作范围。

⑤ 再增大气速，液滴飞溅剧烈，引起塔内发生液泛，此时液相几乎不流过降液管，而是在塔板上累积、上升，直至淹塔。

⑥ 观察两个临界气速：操作下限的严重漏液点气速，即液体从塔板开孔气道泄漏 10%时的气速；操作上限的泛点气速，即液体不再沿降液管流入下一层塔板，而是从塔板上升直至淹塔时的气速。记录对应的气、液相流量。

对于其他 3 种类型的塔板，操作同上，记录各塔板的气液两相流动现象及参数，最后计算塔板操作弹性，并比较不同类型塔板的流体力学性能。

实验人员可只对第二块塔板进行观察，也可做全塔液泛实验，观察全塔液泛的状况。

【实验操作注意事项】

(1) 应注意控制塔内流量状态，防止过度液泛造成装置负荷过大，引起泄漏。

(2) 各个气液阀门的开关状态应根据流量控制需要及时调整。

(3) 风机的噪声较大，应佩戴护耳器。

【实验数据记录与处理】

（1）实验数据记录

筛板塔的实验数据记录格式可参考表5.2，其他塔板类型的实验数据记录格式可参考筛板塔。将严重漏液点气速和泛点气速分别作为板式塔的操作下限和操作上限，读取相应的气相流量上限 $q_{vv,max}$ 和下限 $q_{vv,min}$，各种类型塔板的临界气速流量记录可参考表5.3。

表5.2　筛板塔板实验数据记录表

平均水温：　　　℃　　　　　　　　空气温度：　　　℃

序号	水喷淋量	空气流量	全塔压降	塔内流体力学现象
	流量计读数/(L/h)	流量计读数/(m^3/h)	压差计读数/(mmH_2O)	
1				
…				

（2）实验数据处理

① 计算各塔的操作弹性，将结果汇总于表5.3。

② 比较泡罩塔板、浮阀塔板、筛塔板、舌形塔板的操作弹性和流体力学性能区别。

表5.3　塔板临界气速实验数据汇总表

平均水温：　　　℃　　　　　　　　空气温度：　　　℃

项目	数值			
塔板临界气速下的流量	泡罩塔板	浮阀塔板	筛孔板	舌形板
液泛点气体流量/(m^3/h)				
严重漏液点气体流量/(m^3/h)				
操作弹性				

【思考题】

（1）塔板上较适宜的气液两相流动接触状态是什么？两相流动接触状态不同会影响什么？

（2）泡罩塔板、浮阀塔板、筛塔板、舌形塔板的塔板结构有什么区别？

（3）板式塔的液泛与哪些因素有关？试分别从传质效率和安全角度分析板式塔液泛现象的危害。

二维码链接数字资源：

（1）实验装置实物照片

（2）文献导读信息

5.3 电动往复式压缩机工艺仿真实验

【实验目的】

（1）掌握往复式压缩机的工作原理，以及开车、停车、工艺参数调节等基本操作。

（2）了解往复式压缩机的压缩气体的压力和流量控制原理。

（3）了解分布式控制系统（DCS）图和现场图在工业生产流程中的应用。

（4）了解往复式压缩机系统的参数异常现象，能够分辨故障类型并排除故障。

【实验原理】

作为气体加压的重要单元设备，压缩机可将气体表压提升至0.3MPa以上，广泛用于动力、制冷、分离、输送等。离心式和往复式压缩机经多级压缩后，可输出高压气体，但伴随高温、高噪声、高安全隐患，不适于实体操作，因此常以仿真学习掌握原理和相关操作。

本实验主要进行往复式压缩机的仿真实践。该类型压缩机主要由3部分组成：运动机构（曲轴、轴承、连杆、十字头、皮带轮或联轴器等）、工作机构（气缸、活塞、气阀等）和机身。往复式压缩机的气体压缩过程为：电机带动活塞，在气缸内做往复运动，使气缸工作容积发生周期性变化。活塞往复一次，气缸内相继实现进气、压缩、排气过程，完成一个工作循环。当要求压力较高时，可采用多级压缩。

气体压缩过程中，温度会随之上升，影响压缩效率，常在级间安装中间冷却器，有效降低出口气体温度，保障安全，减小功耗；气液分离罐用以分离压缩时产生的挥发性气相组分的凝液，缓冲罐可以减缓供气系统内的气流脉冲，使后续设备更好地发挥功效。

压缩机的压缩比是指绝对排气压力和绝对吸气压力的比值，直接影响压缩机能耗和压缩效率。往复式压缩机一般以各级之间的压力控制平衡每一级压缩比，达到正常运行。常见的单回路压力控制方法有级间返回控制、末级返回控制、缸体余隙调节控制和各级进气负荷调节控制，但多个单回路操作控制效果往往不理想。因此，压缩机的压力控制最常见选择性分程控制，即将负荷调节与级间返回进行组合，扩大调节阀的可调范围，也起到降低能耗、控制机组振动的作用，满足工艺生产不同负荷和开、停车过程对自控的要求。

调控流量、压力、温度等操作参数，是保证压缩机正常运行的重要操作。

在吸排气压力不变的条件下，往复式压缩机的功率与流量一般呈正比关系，因此高效、精确的流量调节不仅可以保证供气连续和压力稳定可靠性，而且是压缩机节能的关键技术。

往复式压缩机的流量调节方法主要包括排气旁通调节方法、管路进气节流调节、驱动机转速调节、余隙容积调节和顶开进气阀调节等，多见各种调节方式的结合以及各种调节方式同智能自动实时控制的结合，实现流量调控技术的高效、可靠及智能化：①排气旁通调节方法是最常用的往复式压缩机流量调节方法，在排气管路上安装的旁通管道可将多余气体回流到吸气管路，以实现压缩机的供气量与系统需求气量的平衡，此方法简单可靠，但压缩机始终处于满负荷工作状态，系统效率低，能耗大；②进气节流调节是在压缩机的进气管路上安装相应的节流阀，节流阀开度减小时进入压缩机的气体质量流量也减小，可实现压缩机流量的连续调节，然而也会增加流动阻力；③调节驱动机转速也可改变压缩机的转速调节排气量，例如利用变频器可以实现气量的连续调节而不额外增加流动阻力，压缩机转速降低后压缩机气缸内气体热力循环的周期变长，可维持压缩机各级压缩比不变；④压缩机实际气量受余隙容积影响，改变余隙容积可以改变压缩机的容积系数，从而改变排气量，因此连续改变余隙容积就能实现压缩机流量的无级调节；⑤顶开进气阀调节是通过一个机械顶开机构强制顶开进气阀，使已经进入气缸中的部分或全部气体在压缩开始后从进气阀流出气缸，以实现排气量调节，这种方法可在气体被压缩前排出气缸，达到节能效果，同时对压缩机的活塞力和排气温度影响不大，是一种安全可靠且经济的调节方式。

本实验以空气二级往复压缩工艺作为仿真对象，进行冷态开车、正常工况运行和正常停车工艺项目的仿真实训操作，了解压缩机的常见故障现象和排除方法。仿真系统采用分布控制系统（distributed control system，DCS）仿真软件界面，主要设备包括压缩机、缓冲罐、中间冷却器和气液分离罐，以及用于调控温度、流量和压力的各类阀门等。

【实验装置及流程简介】

运行化工单元实习仿真软件 CSTS（20）后，压缩机正常工况的仿真现场图界面如图 5.3 所示，仿真 DCS 参数监测及设置界面如图 5.4 所示，其中设备符号说明和仪表

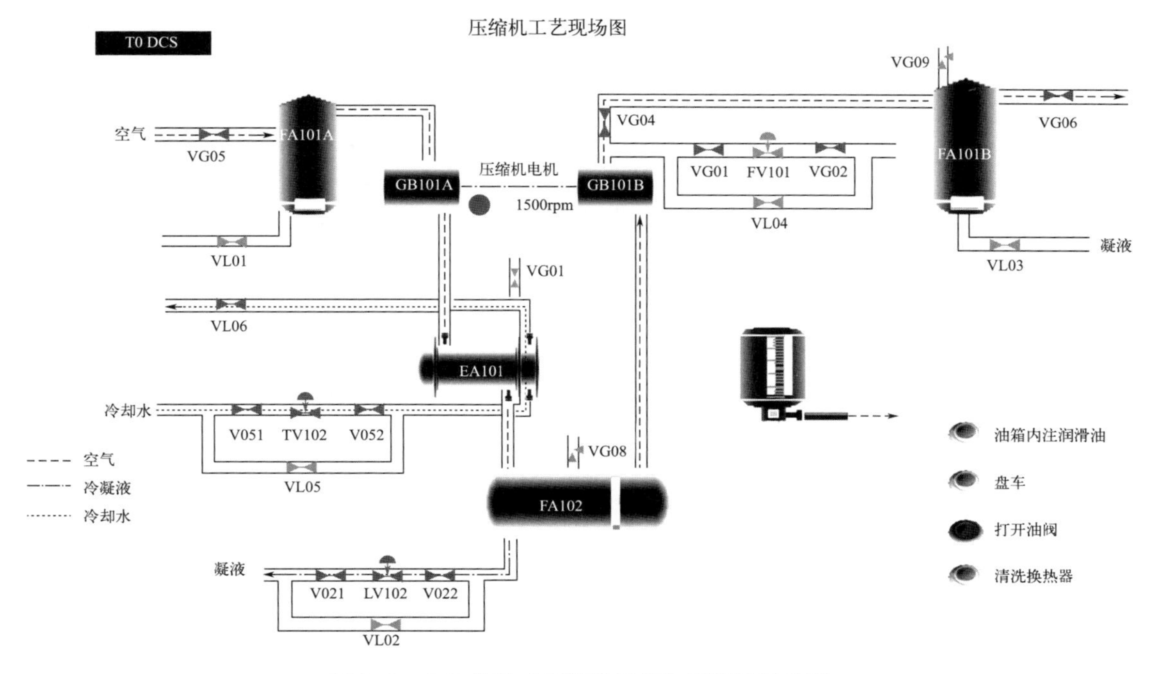

图 5.3 电动往复式压缩机工艺仿真现场图界面

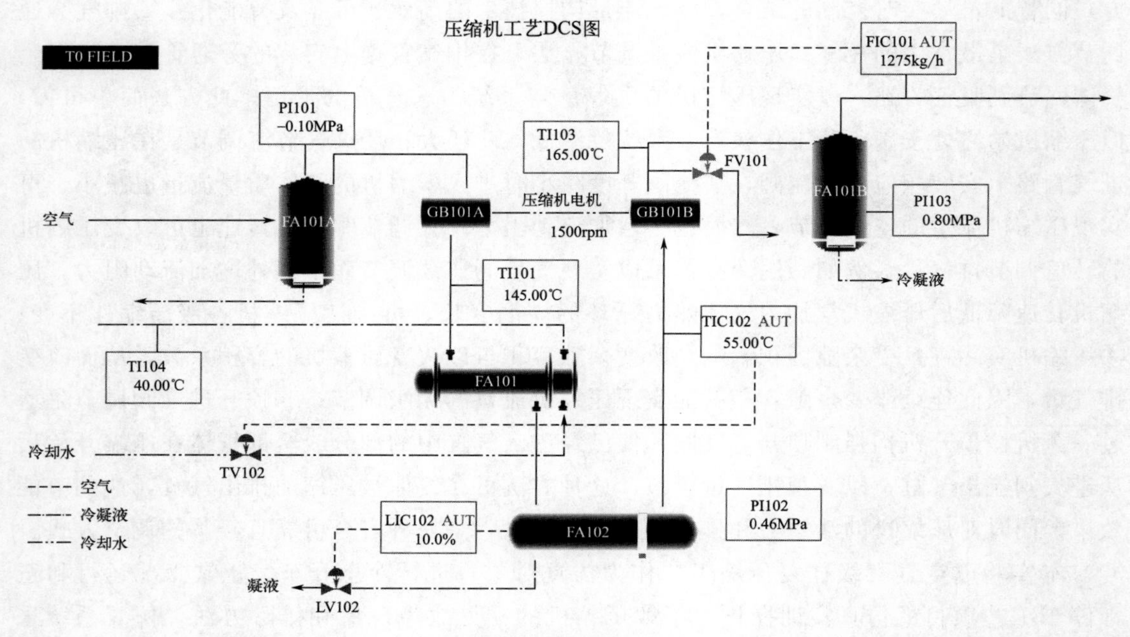

图 5.4 电动往复式压缩机工艺仿真 DCS 图界面

位号说明列于表 5.4 和表 5.5。

表 5.4 设备符号说明

序号	位 号	名 称
1	GB101A	一级压缩机
2	GB101B	二级压缩机
3	FA101A	缓冲罐
4	FA101B	缓冲罐
5	FA102	气液分离罐
6	EA101	冷却器(换热器)
7	VG	冷却水排气阀
8	VG01	闸阀
9	VG02	闸阀
10	VG03	闸阀
11	VG04	GB101B 出口旁路阀
12	VG05	进料阀
13	VG06	出料阀
14	VG07	闸阀
15	VG08	手动控制阀
16	VG09	手动控制阀
17	VL01	闸阀
18	VL02	液位控制阀

续表

序号	位　号	名　　称
19	VL03	闸阀
20	VL04	二级压缩机 GB101B 出口旁路阀
21	VL05	冷却水流量控制阀
22	VL06	冷却水出口调节阀
23	FV101	气体流量控制阀
24	LV102	分离罐液相出口阀
25	TV102	冷却水入口调节阀

表 5.5　仪表位号说明

序号	位　号	名　　称	正常情况显示值
1	TI101	温度显示仪表	145℃
2	TIC102	温度控制仪表	55℃
3	TI103	温度显示仪表	165℃
4	PI101	压力显示仪表	－0.1MPa(真空度)
5	PI102	压力显示仪表	0.46MPa
6	PI103	压力显示仪表	0.80MPa
7	FIC101	流量计	1275kg/h
8	LIC102	液位控制仪表	10%

按照图 5.3 所示的电动往复式压缩机仿真实验工艺流程，温度为 25℃的常压空气经 VG05 阀进入缓冲罐 FA101A，罐内压力为 0.1MPa（表压）。来自缓冲罐 FA101A 的空气进入一级压缩机 GB101A，正常工况下其压缩后的空气温度为 145℃。压缩后的高温高湿空气经冷却器 EA101 冷却后进入气液分离罐 FA102。气液分离罐 FA102 底部经过分离罐液相出口阀 LV102 排放空气压缩冷凝产生的液体杂质，顶部排出与冷凝液分离后的压缩空气至二级压缩机 GB101B。气液分离罐出口空气温度控制在 55℃，压力控制在 0.46MPa。二级压缩机 GB101B 出口空气经过阀 VG04 进入缓冲罐 FA101B 后，压力为 0.80MPa，温度为 165℃，经过手动控制阀 VG06 作为产品排出。缓冲罐 FA101B 底部阀 VL03 定期排放空气中的液相杂质。二级压缩机 GB101B 出口旁路阀 VL04 在冷态开车启动往复式压缩机时打开，待压缩机工作稳定后关闭。

现场图和 DCS 图中的阀门调节设置方法分别如图 5.5 和图 5.6 所示。

如图 5.5 所示，现场图主要有开关阀和手动调节阀两种，在阀门调节对话框的左上角标有阀门的位号和说明。

【开关阀】此类阀门只有“开”和“关”两种状态。直接点击“打开”和“关闭”即可实现阀门的开关闭合。

【手动调节阀】此类阀门手动输入 0～100 的数字调节阀门的开度，即可实现阀门开关大小的调节。或者点击“开大”和“关小”按钮，以 5%的进度调节。

如图 5.6 所示，在 DCS 图中通过比例-积分-微分（proportion integration differenti-

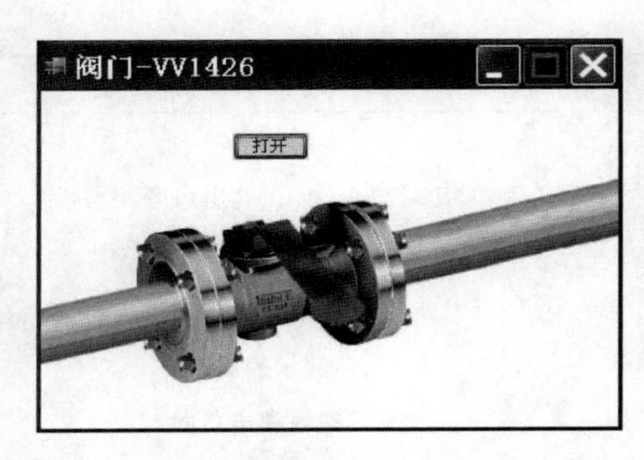

图 5.5　现场图中开关阀和手动调节阀调节窗口截图

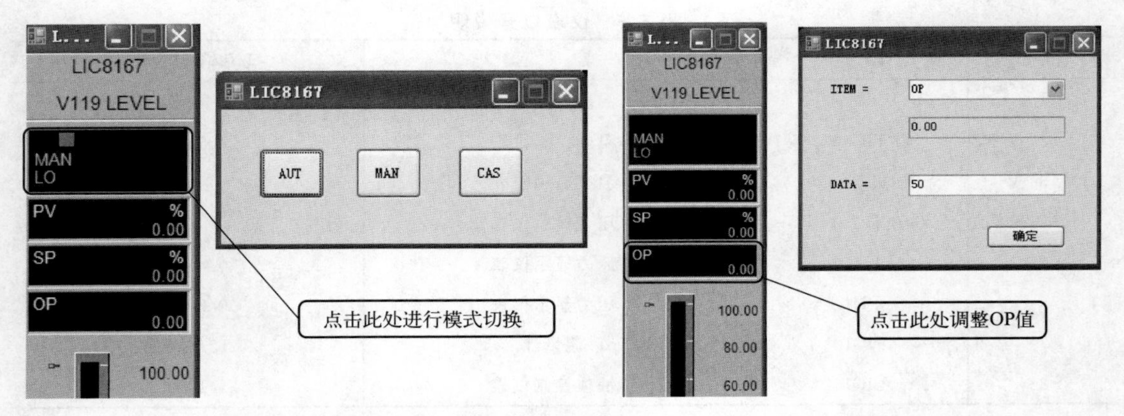

图 5.6　DCS 图中切换 PID 控制器调整模式与设置控制参数窗口截图

ation，PID）控制器调整气动阀、电动阀和电磁阀等自动阀门的开关闭合。在 PID 控制器中可以实现自动/AUT、手动/MAN、串级/CAS 这 3 种控制模式的切换。

【AUT】计算机自动控制。

【MAN】计算机手动控制。

【CAS】串级控制。两只调节器串联起来工作，其中一个调节器的输出作为另一个调节器的给定值。

【PV 值】实际测量值，由传感器测得。

【OP 值】计算机手动设定值，输入 0～100 的数据调节阀门的开度。在手动/MAN 模式下调节此参数。

【SP 值】设定值，计算机根据 SP 值和 PV 值之间的偏差自动调节阀门的开度。在自动/AUT 模式下调节此参数，调节方式同 OP 值。

电动往复式压缩机工艺仿真实验中主要涉及流量、温度、液位 3 种控制方案。压缩机的气体输出压力是指示系统运行状态的重要参数，正常运行时需分别将 PI102 和 PI103 平稳地控制在 0.46MPa 和 0.80MPa，本系统中储气罐内压缩气体的压力状态主要由其出口和入口的气体流量、气体温度等因素控制和影响。

气体流量控制：FV101 控制二级压缩机 GB101B 出口空气流量。FIC101 检测稳压罐出口空气流量的变化，并将信号传至 FV101，控制压缩空气出料旁路的分流，使缓冲罐 FA101B 出口流量维持在设定点。与 FV101 并联的 VL04 用于手动调节出口压缩空气分流的流量，正常流量 FIC101 设置点为 1275kg/h。

换热器出口温度控制：为保证换热器出口处介质的温度恒定，TV102 及与其并联的 VL05 控制冷却介质的流量。TIC102 检测换热器出口空气温度，并将信号传给 TV102 控制阀开度，使换热器温度维持在设定点。

气液分离罐的液位控制：LIC102 检测分离罐的液位，并将信号传给 LV102 控制阀开度，使分离罐中的液体及时排出，液位稳定在 10%。另外还可手动调节 VL02，排出分离罐中的液体。

电动往复式压缩机工艺仿真实验中特定事故集仿真与处理方法列于表 5.6。

表 5.6 电动往复式压缩机仿真实验中特定事故仿真与处理方法

序号	事故名称	现象、原因及处理方法
1	入口阀堵	现象：出口流量减少。 原因：缓冲罐入口气体流量太小。 处理方法：停压缩机；关闭出口阀。
2	出口阀堵	现象：缓冲罐压力急剧升高。 原因：出口流量减少。 处理方法：停压缩机；关闭入口阀。
3	停电	现象：管道进出口流量减少。 原因：压缩机停止工作。 处理方法：紧急停车，关闭管路出口和入口阀门。
4	换热器结垢	现象：换热器出口温度升高。 处理方法：增加冷却水入口阀开度，稳定换热器出口温度至 55℃左右。
5	冷却水入口阀卡	现象：换热器出口温度升高。 处理方法：打开旁路阀 VL05，加大冷却水流量；稳定换热器出口温度至 55℃左右。
6	分离罐的液位过高	现象：分离罐的液位大于 10%。 处理方法：将冷却水入口调节阀 LIC102 投手动，分离罐液相出口阀 LV102 开度增大至 100%，打开旁路阀 VL02，调节控制分离罐的液位达到 10%。

【实验设计要求】

通过分组，完成下述实验要求（1），并任选完成实验要求（2）中的至少 3 项。

（1）完成电动往复式压缩机的冷态开车和正常停车。

（2）完成电动压缩机仿真特定事故集中的故障处理。

【实验方法及操作步骤】

（1）冷态开车操作规程

① 开车准备：向油箱中注入润滑油（至液位>60%）；盘车（在机组正式运转前对压缩机做装配质量的检查，以保证其能正常运转）；停止灌装润滑油；给压缩机加润滑

油；开冷却水排气阀 VG；打开冷却水出口调节阀 VL06；手动逐渐打开冷却水入口调节阀 TV102，EA101 冷却水投用；依次打开冷却水入口调节阀 TV102 的前阀 V051、后阀 V052；冷却水蒸汽排净后，关闭冷却水排气阀 VG。

② 压缩机开车：依次打开压缩机出口旁路阀前阀 VG01 和后阀 VG02；手动打开压缩机出口旁路调节阀 FV101；点击电源按钮启动电机。

③ 进料：打开进料阀 VG05；打开二级压缩机 GB101B 出口旁路阀 VG04；逐渐关闭压缩机出口旁路调节阀 FV101；待 PI103 接近 0.80MPa 时，打开阀 VG06；当液位不断上升后，打开气液分离罐 FA102 底部液相出口阀 LV102；打开阀 V021 和 V022。

④ 调节操作参数：将压缩机旁路阀 FIC101 投自动；设定产品出口流量 1275kg/h；LIC102 投自动；气液分离罐 FA102 液位设定 10%；TIC102 投自动，气液分离罐 FA102 出口温度设定为 55℃；缓冲罐 FA101B 的出口流量保持稳定；观察并控制换热器出口温度稳定在 55℃左右，定期打开液位控制阀 VL02，气液分离罐 FA102 液位稳定在 10%。

(2) 正常工况下的工艺参数

① 一级压缩出口压力 0.46MPa，温度 145℃。

② 二级压缩出口压力 0.80MPa，温度 165℃。

③ 换热器热物流出口温度：55℃。

④ 缓冲罐 FA101B 出口压缩空气产品正常流量：1275kg/h。

⑤ 分离罐的正常液位：10%。

(3) 正常停车操作规程

① 停压缩机：FIC101 投手动；LIC102 投手动；TIC102 投手动；关闭出料阀 VG06；按停车按钮，降低压缩机电机转速至 0；依次打开 VL01 和 VL03 排液，待液位为零后，将它们关闭。

② 停进料：关闭分离罐液相出口阀 LV102；关闭阀 V021 和 V022；关闭二级压缩机 GB101B 出口旁路阀 VG04；关闭进料阀 VG05；关闭出口旁路阀前阀 VG01 和后阀 VG02。

③ 停公用工程：关闭油路系统开关；依次关闭阀 V052 和 V051；关冷却水入口调节阀 TV102；关闭冷却水出口调节阀 VL06。

【实验操作注意事项】

压缩机操作中的危险因素包括机械伤害、高温、爆炸、着火、中毒以及噪声危害等。

压缩机的操作应注意下列原则：

① 压缩机开车前必须盘车，处理可燃气的压缩机开车前必须进行置换，分析合格后方可开车。润滑系统保持畅通、良好。冷却器和水夹套的水畅通，不得有堵塞现象。

② 压缩机运行时应时刻注意压力、温度等工艺指标是否符合要求，如有超标现象应及时处理。如果各级出入口温度异常，应立即查明工艺参数或部件损坏等原因，妥善

处理。

③ 应定时把分离器、冷却器、缓冲器分离出的油水排出系统，以防设备损毁。

④ 压缩机运转时，如果管路发生泄漏，需停机卸掉压力后再处理，严禁带压松紧螺栓致其断裂。

⑤ 应经常注意压缩机各运动部件的工作状况，若出现异常现象，例如不正常声音、局部过热、异味等，应及时停车或检修，做相应处理。

⑥ 寒冷季节，压缩机停车后，必须把气缸水夹套和冷却器中的水排净，或进行强制系统水循环，以防设备冻裂。

【实验练习与操作考核】

启动仿真软件，之后会出现主界面，输入“姓名”“学号”“机器号”，设置正确的教师指令站地址，同时根据要求选择“局域网模式”，进入软件操作界面。进入软件“培训参数选择”页面，点击“培训工艺”按钮列出所有的培训单元，选择“电动压缩机”培训单元。之后进入“培训项目”列表，选择所要运行的项目，进行操作练习，如冷态开车、正常停车、事故处理等，通过评分界面可以查看每项实验任务的完成情况及得分情况，即时反馈学习效果达成度。

更多操作提示说明可参考东方仿真公司提供的“平台软件使用手册”及操作质量评分系统的提示。

练习环节结束后，根据教师指令完成开车和停车操作的考核，

【思考题】

（1）预习思考题

① 查阅文献，了解压缩机技术发展现状、应用领域和节能方法。

② 画出压缩机正常开车和停车流程操作的思维导图。

③ 画出压缩机仿真装置示意图和控制方案示意图。

（2）实验后思考题

① 往复式压缩机出口产气流量下降，可能原因有哪些？

② 往复式压缩机出口气体温度异常上升，可能原因有哪些？

③ 压缩空气产生的冷凝水如果不及时从系统排除，会产生什么后果？

④ 往复式压缩机工作时可能出现哪些故障？易引起哪些安全事故？

二维码链接数字资源：

（1）电动往复式压缩机开车与停车工艺仿真视频

（2）文献导读信息

5.4 精馏塔工艺仿真实验

【实验目的】

（1）掌握精馏塔的开车、停车、工艺参数调节等基本操作。

（2）了解精馏塔 DCS 控制方法，能够根据工艺要求进行操作参数调节控制。

（3）了解精馏塔的运行故障类型，进行故障排除操作。

（4）了解精馏操作调节的复杂性，增强工程观念和安全操作意识。

【实验原理】

精馏是一个复杂的传质传热化工单元操作。典型的连续精馏装置包括精馏塔、再沸器、冷凝器、机泵、储料罐、仪表、阀门、管线等设备部件。精馏过程自动控制变量多、控制方案多变。随着工业装置的日趋大型化、集成化发展，系统复杂性不断增加，控制目标更加多元化，先进控制策略层出。在掌握了精馏的基本实验操作基础上，通过精馏塔工艺仿真操作，可进一步熟悉精馏塔的基本参数调节控制方法，了解简单故障的排除方法。

精馏的过程控制是保证精馏产品质量、维持精馏塔的物料和能量平衡、降低操作能耗的重要手段。从精馏塔内建立稳定的气液两相回流，到精馏塔稳定运行实现气液两相高效传质，连续采出合格产品，都需要对精馏塔进行精确的流量、温度、塔压、液位等控制。

精馏操作主要通过灵敏板温度调节进行产品质量（产品组成）控制。为了控制灵敏板的温度稳定在指标范围内，可以通过改变加热蒸汽量、冷却剂量、回流量、釜液位高度、进料量等参数进行温度调节。若设备结构已定，对于生产负荷和产品比例基本不变的操作过程，精馏塔的进料量、组分、蒸汽量、冷却剂量和釜液出料量处于相对稳定状态，常通过调节回流比控制灵敏板温度。如灵敏板温度上升，可加大回流量降低灵敏板温度。

塔釜、塔顶的温度直接影响馏出液和釜液组成。一般通过调节进入塔釜的蒸汽量控制塔釜温度，也可以通过塔釜液位调节间接调整釜温。塔顶温度的主要调节方法：可稳定回流温度，控制回流量；也可稳定回流量，控制回流温度。为维持生产稳定，常采用控制回流量的方式进行调节。将塔顶冷凝器冷剂的相变压力（或无相变下的冷剂流量）与塔顶温度串级控制，可设置塔顶冷凝器改变回流量，调节塔顶冷凝器的过冷效果改变回流温度。此外，也可通过控制塔顶冷凝器的换热面积调节塔顶温度。

再沸器常见的控制方案为蒸汽调控方案和凝液调节方案，前者控制进入再沸器的蒸汽量，并在凝液出口安装疏水器或凝液装置；后者在蒸汽入口预留截止阀，而在凝液出口预留调节阀。再沸器与塔釜温度组成串级回路，将蒸汽或凝液流量作为副回路，塔釜温度控制作为主回路，可以优化精馏塔再沸器的控制方案，提升系统稳定性和运行效率，尽可能降低蒸汽波动带来的影响。

精馏塔的压力波动会破坏塔内原有的气液平衡，进而破坏塔内物料平衡，影响精馏塔的分离精度和经济性。精馏塔塔顶压力控制方案一般分为两种。当塔顶气体部分冷凝时，可将压力调节阀装在回流罐出口不凝气管线上，控制不凝气排放量，对塔压进行控制。当塔顶气体全部冷凝时，可用冷凝器的冷剂量控制塔压，此时冷凝速率与冷却水量间为非线性关系；若冷却流量波动较大，则可设置塔压与冷却水量的串级控制；也可以直接调节顶部气相流量控制塔压，压力调节快捷、灵敏、可调范围大；或者采用热旁路方法控制塔压，较为灵敏。在此基础上，可以综合选择冷凝器排液量与热旁路相结合，冷凝液排出液、热旁路和不凝气放空相结合等塔压控制方案，构成分程控制，扩大调节阀的可调范围。

塔釜液位的调节多数是控制塔釜出口液的排放量，塔釜液面增高时，可控制出口调节阀，加大排液量；也可改变塔釜换热量控制塔釜液位，塔釜液位增高时，可加大再沸器的热剂量。维持塔底釜液液位的稳定是保证精馏塔平稳操作的重要手段，塔釜温度、塔釜液位、塔釜传热平稳，决定了塔釜的上升蒸汽量、塔釜液组成的稳定。

本实验选择脱丁烷精馏塔进行模拟仿真，将丁烷从脱丙烷塔釜混合物中分离出来。由于丁烷沸点较低，挥发度较高，易于气相富集，再经精馏塔多次部分汽化和部分冷凝，达到高纯度分离效果。仿真实验将进行精馏塔冷态开车、正常运行和正常停车的模拟操作，同时可以模拟热蒸汽压力异常、冷凝水中断、停电、回流泵故障、控制阀卡等类型的事故现象以及故障排除方法。

【实验装置及流程简介】

运行化工单元实习仿真软件 CSTS（20）后，精馏塔正常工况的仿真现场图界面如图 5.7 所示，仿真 DCS 参数监测及设置界面如图 5.8 所示，其中设备符号说明和仪表位号说明列于表 5.7 和表 5.8。

按照图 5.7 和图 5.8 所示的精馏塔仿真实验工艺流程，原料液为脱丙烷塔釜液（主要有 C_4、C_5、C_6、C_7，67.8℃），由脱丁烷塔（DA405）的第 16 块塔板进料（全塔共 32 块塔板），进料量由流量控制器 FIC101 采用单回路流量控制。调节器 TC101 通过调节再沸器加热蒸汽流量，控制提馏段灵敏板温度，从而控制丁烷的产品纯度。

脱丁烷塔釜液（主要为 C_5 以上馏分）一部分作为产品采出，一部分经再沸器（EA408A/B）部分汽化为蒸汽从塔底上升。塔釜液位和塔釜产品采出量由 LC101 和 FC102 组成的串级控制器控制，设有高低液位报警；再沸器采用低压蒸汽加热，加热介质流量由灵敏板温度调节；塔釜蒸汽缓冲罐（FA414）液位由液位控制器 LC102 调节底部采出量控制。

塔顶的上升蒸汽（C_4 馏分和少量 C_5 馏分）经塔顶冷凝器（EA419）全部冷凝成液体，该冷凝液靠位能差流入回流罐（FA408）。塔顶压力 PC102 采用分程控制：在正常的压力波动下，通过调节塔顶冷凝器的冷却水流量调节压力；当压力超高时，压力报警

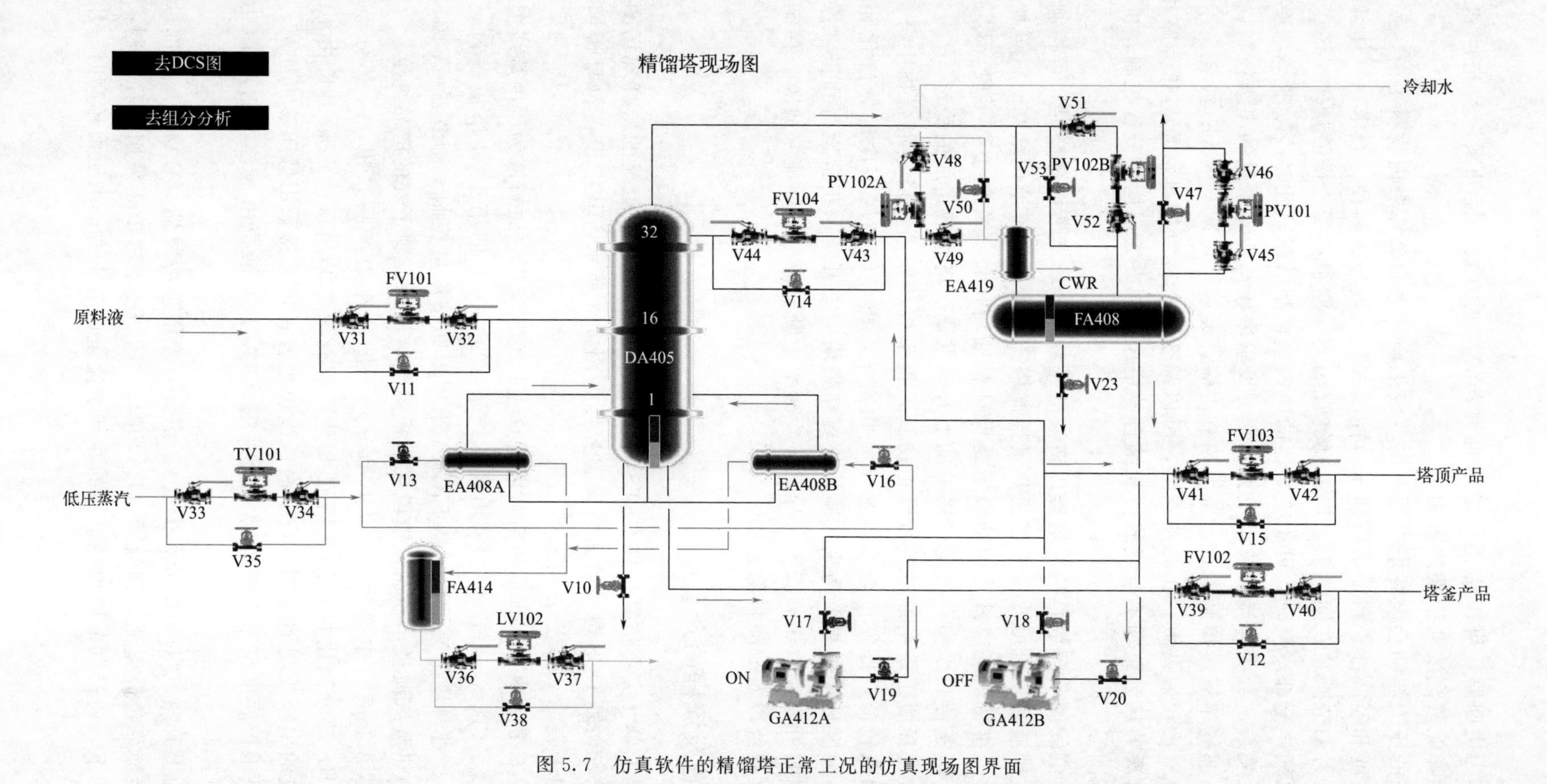

图 5.7 仿真软件的精馏塔正常工况的仿真现场图界面

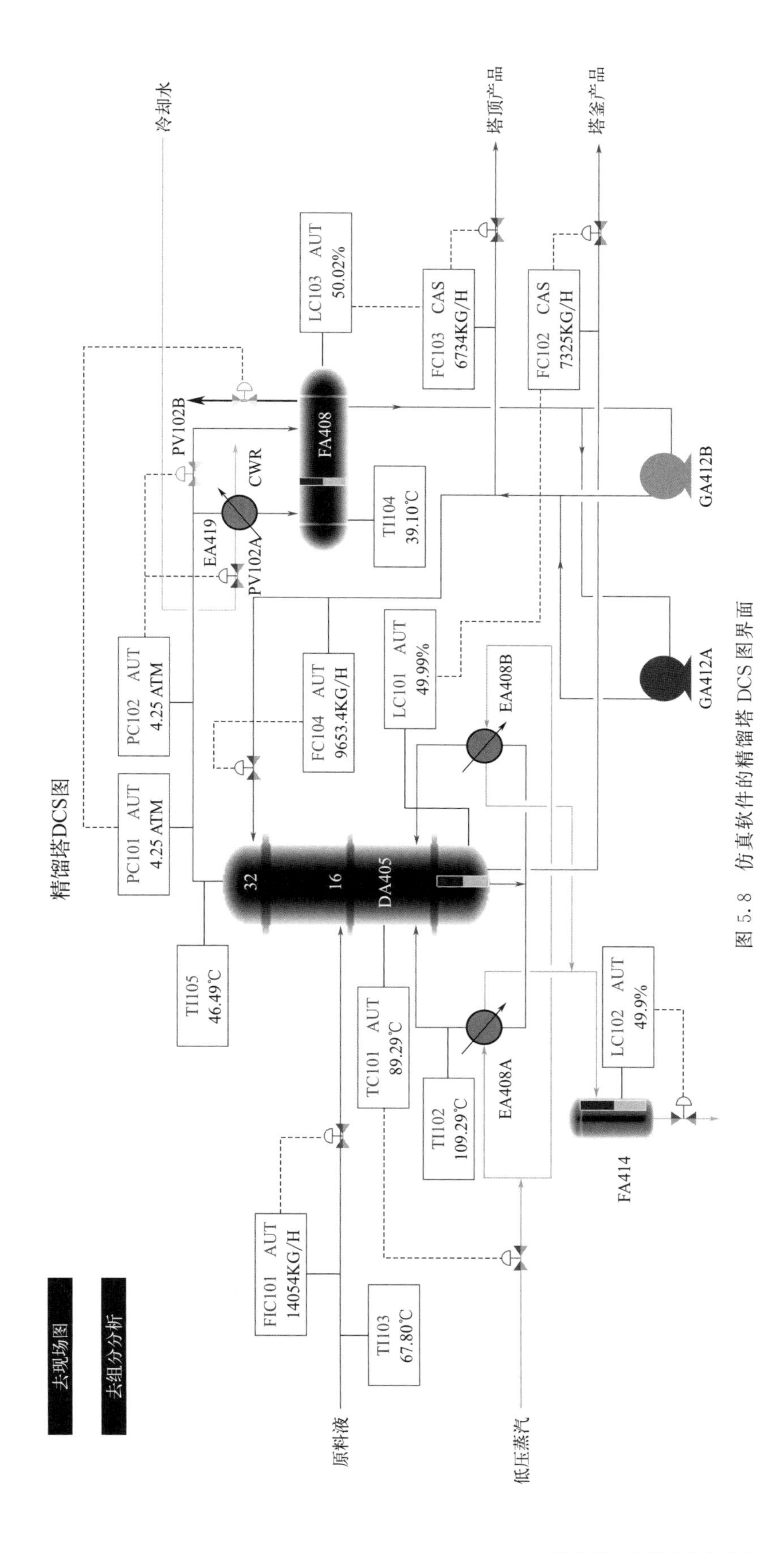

图 5.8 仿真软件的精馏塔 DCS 图界面

表 5.7　设备符号说明

序号	位　号	名　　称
1	DA405	精馏塔
2	GA412A	回流离心泵
3	GA412B	回流离心泵
4	GA424A	回流离心泵
5	GA424B	回流离心泵
6	FA414	塔釜蒸汽缓冲罐
7	FA408	回流罐
8	EA408A	换热器
9	EA408B	换热器
10	EA418A	再沸器
11	EA418B	再沸器
12	EA419	塔顶冷凝器(换热器)
13	V10～V23	闸阀
14	V35	闸阀
15	V38	闸阀
16	V47	闸阀
17	V53	闸阀
18	V31～V34	球阀
19	V36,V37	球阀
20	V39～V46	球阀
21	V48～V52	球阀
22	FV101	原料液进料流量控制阀
23	FV102	塔釜产品流量控制阀
24	FV103	塔顶产品流量控制阀
25	FV104	回流控制阀
26	TV101	蒸汽温度控制阀
27	LV101	液位控制阀
28	PV101	回流罐放空阀
29	PV102A	冷凝水调节阀
30	PV102B	压力控制阀

系统发出报警信号，PC102 调节塔顶至回流罐的排气量，控制塔顶压力调节气相出料。操作压力 4.25atm（表压），高压控制器 PC101 调节回流罐的气相排放量，控制塔内压力稳定。回流罐液位由液位控制器 LC103 调节塔顶产品采出量维持恒定，设有高低液位报警。回流罐中的液体一部分作为塔顶产品送下一工序，另一部分由回流泵（GA412A/B）送回塔顶作为液相回流，液相回流量由流量控制器 FC104 采用单回路流量控制。

表 5.8 仪表位号说明

位 号	说 明	类型	正常值	量程高限	量程低限	单位
FIC101	塔进料量控制	PID	14056.0	28000.0	0.0	kg/h
FC102	塔釜采出量控制	PID	7340.2	14698.0	0.0	kg/h
FC103	塔顶采出量控制	PID	6720.8	13414.0	0.0	kg/h
FC104	塔顶回流量控制	PID	9664.0	19000.0	0.0	kg/h
PC101	塔顶压力控制	PID	5.00	8.5	0.0	atm
PC102	塔顶压力控制	PID	4.25	8.5	0.0	atm
TC101	灵敏板温度控制	PID	89.3	190.0	0.0	℃
LC101	塔釜液位控制	PID	50.0	100.0	0.0	%
LC102	塔釜蒸汽缓冲罐液位控制	PID	50.0	100.0	0.0	%
LC103	塔顶回流罐液位控制	PID	50.0	100.0	0.0	%
TI102	塔釜温度	AI	109.3	200.0	0.0	℃
TI103	进料温度	AI	67.8	100.0	0.0	℃
TI104	回流罐温度	AI	39.2	100.0	0.0	℃
TI105	塔顶气温度	AI	46.5	100.0	0.0	℃

精馏塔工艺仿真实验中特定事故集仿真与处理方法列于表 5.9。

表 5.9 精馏塔工艺仿真实验中特定事故集仿真与处理方法

序号	事故名称	现象、原因及处理方法
1	加热蒸汽压力过高	原因：加热蒸汽压力过高。 现象：加热蒸汽流量增大，塔釜温度持续上升。 处理方法：将 TC101 改为手动调节，适当减小 TV101 的阀门开度，待温度稳定后将 TC101 改为自动调节并设定为 89.3℃。
2	加热蒸汽压力过低	原因：加热蒸汽压力过低。 现象：加热蒸汽流量减小，塔釜温度持续下降。 处理方法：将 TC101 改为手动调节，适当增大 TV101 的阀门开度，待温度稳定后将 TC101 改为自动调节并设定为 89.3℃。
3	冷凝水中断	原因：停冷凝水。 现象：塔顶温度上升，塔顶压力升高。 处理方法：将 PC101 设置为手动，开回流罐放空阀 PV101 保压。将 FIC101 设置为手动，手动关闭进料阀 FIC101 及其前后截止阀，停止进料。将 TC101 设置为手动，手动关闭加热蒸汽阀 TC101 及其前后截止阀，停加热蒸汽。分别将 FC102 和 FC103 设置为手动，手动关闭 FC102、FC103 及其前后截止阀，停止产品采出。打开塔釜排液阀 V10，打开回流罐泄液阀 V23，排不合格产品。将 LC102 设置为手动，手动打开 LC102，对 FA114 泄液。当回流罐液位为 0 时，关闭 V23。关闭回流泵出口阀 V17/V18。关闭回流泵 GA424A/GA424B。关闭回流泵入口阀 V19/V20。待塔釜液位为 0 时，关闭泄液阀 V10。待塔顶压力降为常压后，关闭冷凝器。依次关闭 PV102A 前后截止阀 V48 和 V49。

续表

序号	事故名称	现象、原因及处理方法
4	停电	原因：停电。 现象：回流泵 GA412A 停止，回流中断。 处理方法：将 PC101 设置为手动，手动打开回流罐放空阀 PV101 泄压。将 FIC101 设置为手动，手动关闭进料阀 FIC101 及其前后截止阀。将 TC101 设置为手动，手动关闭加热蒸汽阀 TC101 及其前后截止阀。将 FC102 和 FC103 分别设置为手动，手动关出料阀 FC102 和 FC103 及其前后截止阀。打开塔釜排液阀 V10 和回流罐泄液阀 V23，排不合格产品。将 LC102 设置为手动，手动打开 LC102，对 FA114 泄液。当回流罐液位为 0 时，关闭 V23。关闭回流泵出口阀 V17/V18。关闭回流泵 GA424A/GA424B。关闭回流泵入口阀 V19/V20。待塔釜液位为 0 时，关闭泄液阀 V10。待塔顶压力降为常压后，关闭冷凝器。依次关闭 PV102A 前后截止阀 V48 和 V49。
5	回流泵故障	原因：回流泵 GA412A 泵坏。 现象：GA412A 断电，回流中断，塔顶压力、温度上升。 处理方法：备用泵入口阀 V20。启动备用泵 GA412B。打开备用泵出口阀 V18。关闭运行泵出口阀 V17。停运行泵 GA412A。关闭运行泵入口阀 V19。
6	回流控制阀 FV104 阀卡	原因：回流控制阀 FV104 阀卡。 现象：回流量减小，塔顶温度上升，压力增大。 处理方法：将 FC104 设为手动，依次关闭其前后截止阀。打开其旁路阀 V14，保持回流。

【实验设计要求】

通过分组，完成下述实验设计要求（1），并任选完成实验设计要求（2）中的至少 3 项。

具体实验要求：

（1）完成精馏塔的冷态开车和正常停车。

（2）完成表 5.9 中精馏塔几种事故处理的操作。

【实验方法及操作步骤】

（1）冷态开车操作规程

装置冷态开车前，精馏塔处于常温、常压、氮吹扫完毕后的氮封状态，所有阀门、机泵都处于关停状态。

① 进料及排放不凝气

打开 PV102B 前后截止阀 V51 和 V52，打开 PV101 前后截止阀 V45 和 V46，微开 FA408 顶放空阀 PV101（不超过 20%）调节阀 V47 排放不凝气，打开 FV101 前后截止阀、FV101 对应的调节阀 V11 至其开度大于 40%，向精馏塔进料。进料后塔内温度略升，压力升高。当压力 PC101 升至 0.5atm（表压）时，关闭 PV101 调节阀 V47，PC101 投自动，并控制塔压大于 1.0atm 且不超过 4.25atm（如果塔内压力大幅波动，改回手动调节稳定压力）。

② 启动再沸器

打开冷凝水调节阀 PV102A 前后截止阀 V48 和 V49。当 PC102 压力升至 0.5atm（表压）时，逐渐打开 PV102A 的 V50 至开度 50%。塔压基本稳定在 4.25atm 后，可适当加大塔进料（FIC101 开至 50%左右）。

待塔釜液位 LC101 升至 20%以上时，半开加热蒸汽入口阀 V13，再手动稍开 TC101 调节阀，开启 TV101 前后截止阀 V33 和 V34，热蒸汽给再沸器缓慢加热，使塔釜液位 LC101 维持在 40%～60%。调节 LV102 前后截止阀及其旁路阀开度，待 FA414 液位 LC102 升至 50%时，将其投自动，设定值为 50%。逐渐开大 TV101 至 50%，使塔釜温度 TI102 逐渐上升至 100℃左右，灵敏板温度 TC101 升至 75℃以上。

③ 建立回流

随着塔进料增加和再沸器、冷凝器投用，塔压会有所升高，回流罐逐渐积液。塔压升高过大时，可通过开大 PC102 的输出即改变塔顶冷凝器冷却水量和旁路量 V50 控制塔压稳定。当回流罐 FA408 液位 LC103 升至 20%以上时，先半开回流泵 GA412A 入口阀 V19，启动泵，再半开出口阀 V17，启动回流泵。打开 FV104 前后截止阀，通过 FC104 阀开度手动控制回流量，直至维持回流罐液位在 40%以上但不超高。逐渐关闭进料，系统临时处于全回流操作状态。

④ 调节至正常

当各项操作指标（塔压）趋近正常值时（见表 5.8），将 PC101 和 PC102 均设置为自动、4.25atm，待塔压稳定后，将 PC101 设置为 5.0atm。打开进料阀 FIC101，逐步调整进料量 FIC101 至正常值 14056kg/h，投自动，并设定值 14056kg/h。通过 TC101 调节再沸器加热量，使灵敏板温度 TC101 达到正常值 89.3℃时，投自动 89.3℃；塔釜 TI102 稳定在 109.3℃附近。逐步调整回流量 FC104 至正常值 9664kg/h，流量稳定后，投自动，并设置为 9664kg/h。

准备开 FC102 和 FC103 及其前后截止阀进行出料，注意应根据塔釜、回流罐液位进行操作：当塔釜液位高于 45%时，液位升高且已无法维持不变，逐渐打开 FC102，采出塔釜产品，待塔釜采出量稳定在 7349kg/h，将 FC102 设为 7349kg/h，将 LC101 设置为自动、50%，将 FC102 设置为串级；当回流罐液位高于 50%且无法维持时，逐渐打开 FV103 及其前后截止阀，采出塔顶产品，待塔顶采出量稳定在 6707kg/h，将 FC103 设置为自动、6707kg/h，将 LC103 设置为自动、50%。将各控制回路投自动，产品采出、液位等参数能够维持稳定，并与工艺设计值吻合后，产品采出 FC103 投串级。

(2) 正常工况下的工艺参数

如图 5.9 和 5.10 所示的精馏塔正常运行状态，对应各工艺参数如下所述：

① 进料流量 FIC101 设为自动，设定值为 14056kg/h。

② 塔釜采出量 FC102 设为串级，设定值为 7340kg/h；LC101 设自动，设定值为 50%。

③ 塔顶采出量 FC103 设为串级，设定值为 6721kg/h。

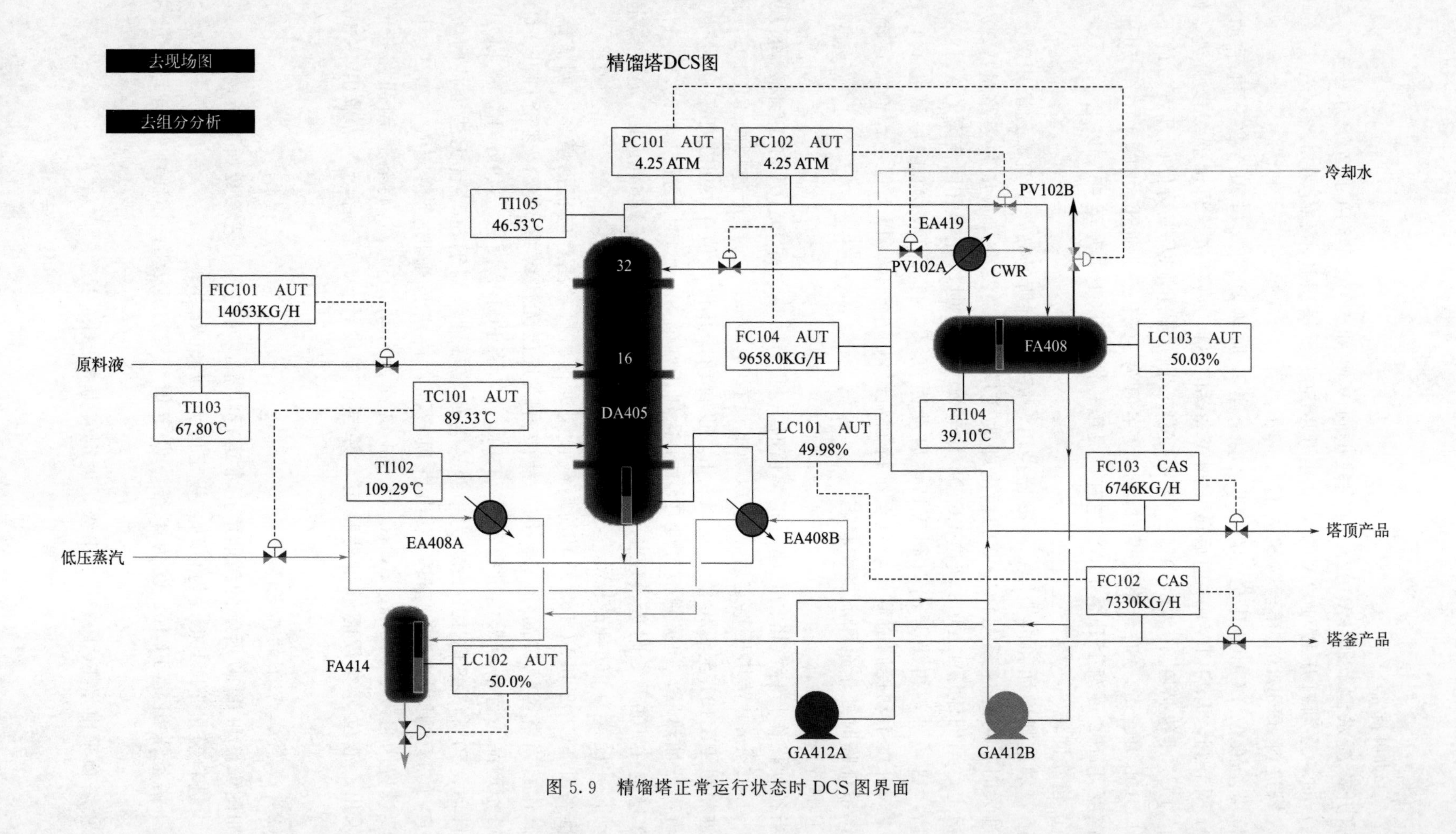

图 5.9 精馏塔正常运行状态时 DCS 图界面

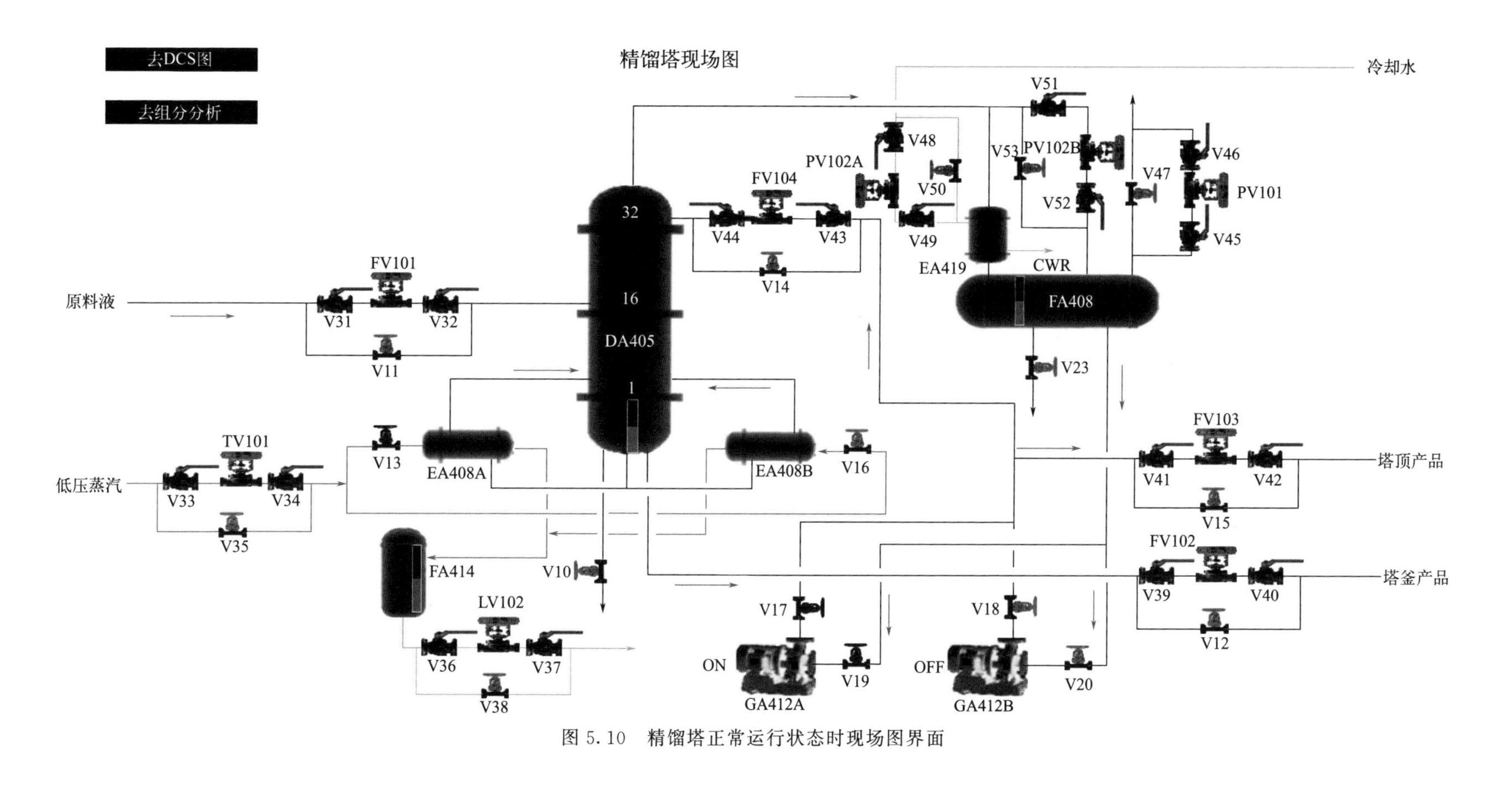

图 5.10 精馏塔正常运行状态时现场图界面

④ 塔顶回流量 FC104 设为自动，设定值为 9664kg/h。

⑤ 塔顶压力 PC101 设自动，设定值为 5.0atm；PC102 设为自动，设定值为 4.25atm。

⑥ 灵敏板温度 TC101 设为自动，设定值为 89.3℃。

⑦ FA414 液位 LC102 设为自动，设定值为 50%。

⑧ 回流罐液位 LC103 设为自动，设定值为 50%。

(3) 停车操作规程

① 降物料负荷

在降负荷过程中，保持灵敏板温度 TC101 的稳定和塔压 PC102 的稳定，使精馏塔分离出合格产品。逐步关小 FIC101 调节阀 FV101，降低进料至正常进料量的 70%。

断开 LC103 和 FC103 的串级，手动开大 FV103。在降负荷过程中，尽量通过 FC103 排出回流罐中的液体产品，至回流罐液位 LC103 降至 20%左右。

断开 LC101 和 FC102 的串级，手动开大 FV102。在降负荷过程中，尽量通过 FC102 排出塔釜产品，使 LC101 降至 30%左右。

② 停进料和再沸器

在负荷降至正常的 70%且产品已大部分采出后，停进料和再沸器。

关 FIC101 调节阀 FV101 及其前后截止阀，停精馏塔进料。

关 TC101 调节阀 TV101 及其前后截止阀，关阀 V13（或 V16），停再沸器的加热蒸汽。手动关 FC102、FC103 调节阀及其前后截止阀，停止产品采出。

③ 停回流和泄液

停进料和再沸器后，手动开大 FV104，回流罐中的液体全部通过回流泵打入塔，以降低塔内温度。当回流罐液位至 0 时，关 FC104 调节阀 FV104 及其前后截止阀，关泵出口阀 V17（或 V18），停泵 GA412A（或 GA412B），关入口阀 V19（或 V20），停回流。

设置 LC102 及 LC103 为手动，打开塔釜泄液阀 V10 以及 V23，排不合格产品，并控制降低塔釜及回流罐液位。手动打开 LC102 调节阀 V38，对 FA414 泄液。

④ 降压、降温

塔内液体排完后，手动打开 PC101 调节阀 V47，将塔压降至接近常压（表压 0atm）。

待灵敏板温度降至 40℃左右时，PC102 投手动，关塔顶冷凝器的冷却水（PC102 的输出至 0），手动关闭 PV102A 及其前后截止阀。塔釜液位降至 0，塔压接近大气压后，关闭泄液阀 V10 以及 V23，关闭阀 V47 以及 PV101 前后截止阀。

【实验操作注意事项】

实际生产中的精馏塔常面临多种危险，主要包括机械伤害、高温、化学品爆炸、着火以及中毒等危害，因此精馏塔的操作一般应注意下列规则：

(1) 操作人员必须掌握消防器材的使用方法，开车前应认真检查消防灭火设施是否配备完好，禁止在消防设施不齐备的情况下开机生产。在生产过程中禁止操作人员带火种。

（2）开机前检查各类仪表参数设置是否正常、连接管道的阀门开启是否正确。

（3）蒸馏开始前，开启冷却循环系统，然后打开冷凝器冷却介质阀门，根据需要打开和关闭泄压阀。

（4）蒸汽压力需要控制在必要的范围内，塔顶压力不得超过上限。

（5）在生产过程中必须注意随时监控塔有关部位的温度、液位、压力、流量参数，物料输送以及出料情况，储罐液位等是否正常。系统正常运行时，回流罐液位不得过低。

（6）遵守机泵安全操作规程，泵在运行中不得擅离岗位，应监视机泵的温度、润滑情况，发现异常随时处理，视情况启用备用机泵。

（7）熟知各种人身安全事故处理的应急预案。

【实验练习与操作考核】

启动仿真软件，之后会出现主界面，输入“姓名”、“学号”、“机器号”，设置正确的教师指令站地址，同时根据要求选择“局域网模式”，进入软件操作界面。进入软件“培训参数选择”页面，点击“培训工艺”按钮列出所有的培训单元，选择“精馏塔工艺仿真”培训单元。之后进入“培训项目”列表，选择所要运行的项目，进行操作练习，如冷态开车、正常停车、事故处理等。

更多操作提示说明可参阅东方仿真公司提供的“平台软件使用手册”及操作质量评分系统的提示。

练习环节结束后，根据教师指令完成开车和停车等操作的考核。

【思考题】

（1）预习思考题

① 查阅文献，了解精馏技术的发展、应用和节能方法。

② 画出精馏系统冷态开车和停车流程操作的思维导图。

③ 画出精馏系统仿真操作装置示意图和控制方案示意图。

（2）实验后思考题

① 实验中，如果塔顶温度、压力都超过设定值，可以采用几种方法将系统调节稳定？

② 当精馏系统在较高负荷下突然出现剧烈波动，为什么要将系统降到某一低物料负荷的稳态，再重新开到高负荷？

③ 若精馏塔灵敏板温度过高或过低，则意味着分离效果如何？改变哪些参数才能调节至正常？

④ 若精馏塔进料温度突然变化，如何调节系统操作参数，使塔工作状态恢复正常？

二维码链接数字资源：

（1）精馏塔开车与停车工艺仿真视频

（2）文献导读信息

附 录

附录 1　化学品安全技术说明书（MSDS）

附录 2　检验相关系数的临界值表

附录 3　物性参数表

附录 4　气相色谱仪的使用方法及乙醇含量分析流程

附录 5　溶解氧仪的使用方法

参考文献

[1] 王瑶，贺高红主编．化工原理．上册．北京：化学工业出版社，2016.

[2] 潘艳秋，吴雪梅主编．化工原理．下册．北京：化学工业出版社，2017.

[3] 夏清，姜峰．化工原理．北京：化学工业出版社，2021.

[4] 蒋维钧，戴猷元，顾惠君．化工原理．上册．第3版．北京：清华大学出版社，2021.

[5] 雷良恒，潘国昌，郭庆丰．化工原理实验．北京：清华大学出版社，1994.

[6] 居沈贵，夏毅，武文良，等．化工原理实验．北京：化学工业出版社，2020.

[7] 乐清华主编．化学工程与工艺专业实验．北京：化学工业出版社，2017.

[8] 屈凌波，任保增主编．化工实验与实践．郑州：郑州大学出版社，2018.

[9] 史贤林，张秋香，周文勇，等．化工原理实验．北京：化学工业出版社，2019.

[10] 贾广信主编．化工原理实验指导．北京：化学工业出版社，2019.

[11] 马江权，魏科年，韶晖，等．化工原理实验．第3版．上海：华东理工大学出版社，2019.

[12] 陈欢林，张林，吴礼光主编．新型分离技术．第3版．北京：化学工业出版社，2019.

[13] 厉玉鸣，刘慧敏主编．化工仪表及自动化（化工类专业适用）．第6版．北京：化学工业出版社，2020.

[14] 贺高红，姜晓滨，阮雪华，等．分离过程耦合强化．北京：化学工业出版社，2020.

[15] 李洲，李以圭．液-液萃取过程和设备．北京：原子能出版社，1993.

[16] Perry R H，Green D W，eds. Perry's Chemical Engineers' Handbook. 7ed. London：McGraw-Hill Companies Inc，1997.

[17] 吕英海，于昊，李国平．试验设计与数据处理．北京：化学工业出版社，2021.

[18] 史彬，鄢烈祥．化工过程分析与综合．第2版．北京：化学工业出版社，2020.

[19] 刘振学，王力，等．实验设计与数据处理．第2版．北京：化学工业出版社，2015.

[20] 费业泰主编．误差理论与数据处理．第7版．北京：机械工业出版社，2015.

[21] 冯红艳，朱平平主编．化学实验安全知识．北京：高等教育出版社，2022.

[22] 南京大学国家级化学实验教学示范中心编．高校实验室常用危险化学品安全信息手册（MSDS）．北京：高等教育出版社，2020.

[23] 李涛，魏永明，彭阳峰主编．化工安全基本原理与应用．北京：化学工业出版社，2023.

[24] 邓秋林，卿大咏主编．化工原理实验．北京：化学工业出版社，2020.

[25] 张博阳，尹晓红主编．化工原理实验与工程实训．天津：天津大学出版社，2021.

[26] 杨祖荣主编．化工原理实验．第2版．北京：化学工业出版社，2022.

[27] 李卫宏，姜亦坚，刘达主编．化工原理实验．哈尔滨：哈尔滨工业大学出版社，2021.

[28] 叶长燊，李玲，施小芳，等．化工原理实验（双语版）．北京：化学工业出版社，2022.

[29] 田维亮主编．化工原理实验及单元仿真．北京：化学工业出版社，2023.

[30] 李保红，高召，王剑锋，等．化工原理实验．北京：化学工业出版社，2023.